高等学校电子信息学科"十二五"规划教材

光电仪器原理及应用

主　编　张文涛
副主编　彭智勇
参　编　熊显名　秦祖军

西安电子科技大学出版社

内 容 简 介

本书系统全面地介绍了常用光电仪器的基本原理、结构及其特性,并结合实验介绍了其典型应用。本书分两部分,共13章。第一部分主要内容包括光电仪器概述、光电器件中的常用光电传感器、光电信号的处理及采集、锁相放大器、光谱测量仪器、可调谐激光器、取样积分器、光时域反射仪、其他常用光电仪器;第二部分为光电仪器的使用方法及实验,介绍了SR530锁相放大器、OSM-400系列光谱仪、1918-C手持光功率计及光时域反射仪等光电仪器的使用方法及相关实验。

本书注重理论与实际相结合,一方面注重光电仪器的基本结构原理的介绍,另一方面着重光电仪器中的常用光电传感器、光电信号处理典型应用电路及常用光电仪器实验操作的介绍。

本书可作为高等院校的光电信息、光电子科学与技术、测控技术与仪器、光机电一体化等专业的本科及专科教学用书,也可作为光电相关高职学生与工程技术人员的参考用书。

图书在版编目(CIP)数据

光电仪器原理及应用 / 张文涛主编. ——西安:西安电子科技大学出版社,2014.3
高等学校电子信息学科"十二五"规划教材
ISBN 978 - 7 - 5606 - 3291 - 9

Ⅰ. ① 光… Ⅱ. ① 张… Ⅲ. ① 光电仪器—高等学校—教材 Ⅳ. ①TH89

中国版本图书馆 CIP 数据核字(2014)第 034283 号

策划编辑 陈 婷
责任编辑 陈 婷 曹媛媛
出版发行 西安电子科技大学出版社(西安市太白南路2号)
电 话 (029)88242885 88201467 邮 编 710071
网 址 www.xduph.com 电子邮箱 xdupfxb001@163.com
经 销 新华书店
印刷单位 陕西天意印务有限责任公司
版 次 2014年3月第1版 2014年3月第1次印刷
开 本 787毫米×1092毫米 1/16 印张11
字 数 255千字
印 数 1~3000册
定 价 19.00元

ISBN 978 - 7 - 5606 - 3291 - 9

XDUP 3583001 - 1

前　言

　　随着现代光电信息技术的快速发展，作为融合光电技术的光电仪器应用也随之迅速发展起来。光电仪器是仪器仪表的一个重要分支，它将光电子技术、激光技术、计算机技术等有机结合起来。通过光电仪器能将人们的视觉扩展到大至星际距离，小至原子尺寸，光电仪器能把辐射通量中包含的目标尺寸、形状、位置和能量等光学信息转变成电信号输出，因此可以运用现代电子学的一切先进成果对光学信息进行处理，以获得相关的兴趣点。虽然光电仪器范畴内的教材琳琅满目，但涉及常用光电仪器原理、应用及相关实验环境而编写的教材却少之又少，于是编者萌生了编写本书的念头。编者结合十余年在光电信息专业教学的心得，经由编写小组一年多的反复斟酌、修订，本书终于得以与大家见面了。

　　本书将光信息技术和电子信息技术的相关问题有机结合，较为细致地介绍了目前光电交叉领域内常用仪器的基本工作原理，并在此基础上介绍了常用光电仪器典型应用案例。本书理论分析与实践案例紧密结合，可作为高等院校光电信息科学与工程、电子科学与技术、测控技术与仪器等光学类、电子类专业本科及专科学生的教材，还可作为上述专业领域技术工作人员的培训与参考用书。

　　本书在编写过程中，参阅了大量的国内外文献，在此向这些文献的作者表示感谢。

　　现代光电仪器发展日新月异，由于编者水平有限，时间仓促，书中难免有不妥之处，敬请广大读者批评、指正。

编　者

2013 年 5 月

目 录

第一部分 原 理 介 绍

第二部分　光电仪器的使用方法及实验

第一部分　原理介绍

第1章 光电仪器概述

光电仪器是在光学仪器的基础上融合电子、光电、激光和计算机等技术发展起来的，相对传统的光学仪器来说，光电仪器具有更高的精度、更高的自动化程度、更先进的显示手段、更好的性能等特点。随着计算机技术的发展出现的智能光电仪器，使得光电仪器的智能化程度越来越高。

光电仪器种类繁多，可分为

（1）光电计量仪器。它包括数字化影像测量仪、激光测厚仪、光学计量量具、光学影像投影仪、激光抄数仪、全自动影像测量仪、工具显微镜、三坐标测量仪、全自动光学测量仪。

（2）光电检测仪器。它包括光学检测仪、X射线检查仪、数码光学检查仪、返修工作台、在线检测影像仪。

（3）显微仪器。它包括CCD显微镜、偏光显微镜、珠宝显微镜、金相显微镜、生物显微镜、比较显微镜、荧光显微镜、倒置显微镜、体视显微镜、工业高倍显微镜。

（4）图像软件与器件。它包括普及版软件、CCD器件、金相分析软件、USB转换器、显微测量软件、测微尺、影像测量软件、摄相机。

（5）机器视觉器件。它包括工业相机、视觉软件、运动控制平台、视觉光源与镜头、视觉镜头、图像采集卡。

（6）多媒体显微互动设备。它包括数码显微系统、多媒体显微互动设备、电子目镜及软件。

（7）光电测绘仪器。它包括水准仪、全站仪、GPS、电子经纬仪、激光划线仪、激光准直仪。

（8）光纤仪器。它包括光纤端面检查仪、熔接机。

（9）光电试验仪器。它包括干涉仪、分光计、测定仪、塞曼效应仪、色相分析仪、光谱分析仪、质谱仪、色谱仪。

（10）数码光学仪器。它包括数码相机、数码像框。

（11）激光仪器。它包括激光打标、激光切割、激光雕刻设备。

（12）光电显示仪器。它包括液晶显示器、LED显示设备、LCD监视器。

（13）医学光电仪器。它包括口腔观察仪、皮肤检测仪、视力验光器、头发测试仪。

（14）红外热成像。它包括夜视仪、红外热成像仪、红外检测仪。

总体来看，光电仪器按照明方式的不同可分为主动式和被动式两类。被动式光电仪器利用目标自身的辐射探测目标，而主动式光电仪器则需要另外的照明光源。下面将以主动式与被动式光电仪器为例来介绍光电仪器的基本构成。

1.1　光电仪器的主要构成

1.1.1　被动式光电仪器

图 1-1 是被动式光电仪器系统方框图。图 1-1 中，信息源是自然辐射源，是所需探测的物体自身所发射或反射出的红外或可见光。信息源的辐射经过传输介质（如人气），到达光学系统。光学系统获得的辐射被会聚到光电探测器上，光电探测器将光信号转变为电信号。输出的电信号经电子系统放大、处理后检测出所需信息。根据具体需要，后面往往具有显示、记录、存储环节或者控制环节，以将测量结果反馈给用户或完成某一控制任务，还可以接转换环节把电量变成非电量等。

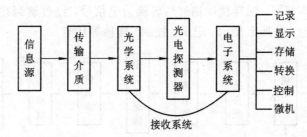

图 1-1　被动式光电仪器系统方框图

1. 信息源和传输介质

通常把信息源分为天然光源和人造光源两种。地面辐射、大气辐射、宇宙辐射以及由自然光照明的物体或背景都属于天然光源，其它统称为人造光源。

光学系统的每个零件或组件，如物镜、保护玻璃、挡板，也会发射出一定的辐射，这种辐射称为仪器辐射。

在信息源和系统之间总是存在着某些介质，如大气、海水等，因此引起辐射传输的衰减。随着传输距离的增加，其衰减速度越大，在长距离的传输中对传输介质的光学传输特性研究显得非常重要。

2. 光学系统

光学系统由各种光学元件组成，如保护窗口、透镜、反射镜、棱镜、光阑、狭缝、滤光器、光栅等。光学系统的作用有两个：一个是尽可能多地收集到达的辐射，并以最小的损失投射到探测器上；另一个是对进入的辐射进行光学滤波，以提高光学信号的信噪比。光学滤波分为光谱滤波和空间滤波两种。光谱滤波利用各种滤光器或光学薄膜来达到；空间滤波利用各种空间滤波器来达到。

3. 光电探测器

光电探测器是光电系统的关键，它由各种光敏元件组成，其作用是把光能转换成电能。

4. 电子系统

电子系统一般包括：匹配电路、放大电路、滤波电路、整形电路、鉴频或鉴相电路、A/D或 D/A 电路、记录和显示电路等。在光电探测器与放大器之间有一匹配电路，主要用于实现两者之间的阻抗匹配，获得好的通带宽度和响应速度；光电探测器输出的信号一般都比较弱，必须经过放大后才能做后继处理；放大器的输出信号中包含有被测物体的信息和噪声，为了从中取出有用信息，常在放大器后连接着各种线性和非线性电路，如滤波电路、整形电路、鉴频或鉴相电路等以实现各种所需功能的解调电路；为了记录和显示获得的有用信息，常需要配备记录和显示装置。

1.1.2　主动式光电仪器

图 1-2 为主动式光电仪器系统的方框图。图 1-2 中，光源部分采用人造光源，利用其辐射去照射被测物体，使所需反映的信息加载到反射、透射或散射光波上去，通过传输介质后，由光电接收系统进行检测。对于某些非光学物理量，例如声音，可先将声音变成电信号，然后通过调制器把信号加载到光波上而进行传输。在接收端，主动式光电系统与被动式光电系统基本相同，同样接收辐射后转换为电信号，经过解调得到有用信息后，由电路处理检测出信息，并加上显示、记录、控制、转换等环节。

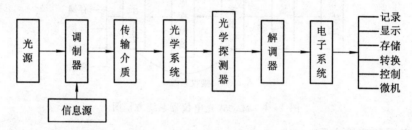

图 1-2　主动式光电仪器方框图

1.2　智能光电仪器的构成与特点

1.2.1　基本构成

智能光电仪器由软件和硬件两大部分组成。软件主要包括监控程序、输入/输出接口程序以及各种算法程序。监控程序是系统软件的中心环节，它接收和分析各种命令，管理、协调整个程序的执行；输入/输出控制常采用中断或查询方式，中断服务程序由于 CPU 响应其它外围设备提出中断申请后可直接去继续执行程序，故具有更高的处理效率；算法功能模块用来实现仪器的数据处理和控制任务，包括各种测量算法和控制算法等。

智能光电仪器的硬件组成如图 1-3 所示，主要包括微处理芯片、测量装置、前向通道、后向通道、执行机构、人机交互通道、数据通信通道。

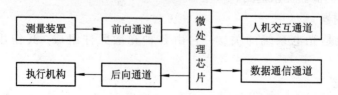

图 1-3　智能光电仪器的硬件基本结构

微处理芯片是智能光电仪器的核心，它通常由 CPU、程序存储器(ROM)、数据存储器(RAM)、输入/输出端口(I/O)、相定时器/计数器(CTC)等单元组成。

前向通道是微型计算机与测量装置相连接的单元，是系统的信息输入通道。前向通道与测量对象相连，是各种干扰串入系统的主要通道，是一个模拟信号与数字信号混合的电路单元，各种传感器的输出信号(模拟量、数字量或开关量)经前向通道变成满足微型计算机输入要求的信号，故有形式多样的信号变换、调节电路，如信号放大、整形、滤波、A/D转换等。前向通道性能的优劣将影响整个系统的性能。

后向通道是系统的伺服驱动控制单元，是信息输出通道，大多数需要功率驱动电路。后向通道靠近伺服驱动现场，伺服控制系统的大功率负荷引起的干扰易从后向通道进入微型计算机，故后向通道的隔离对系统可靠性影响极大。根据输出控制的不同，有多种多样的电路，如模拟电路、数字电路、开关电路等。

人机交互通道是操作者对系统进行干预以及了解系统运行状态和运行结果的单元，主要有键盘、显示器、打印机、语音电路等。

数据通信通道是智能光电仪器与其它系统间交换信息的接口，通常是串行通信接口，如串口、网口、USB 接口等。

各种智能光电仪器的基本结构相同，但基于不同用途或者不同测量原理而设计的智能光电仪器，其具体结构有相当大的差异，其差异主要表现在测量装置和执行机构上。

1.2.2　智能光电仪器的主要特点

智能光电仪器相对传统仪器而言具有明显的特点，主要表现在：

(1) 具有自动校准能力。智能光电仪器可以采用软硬件相结合的方法进行自动校准，如非线性校准，当传感器的特性呈非线性时，智能光电仪器则可将传感器的传感特性以数学模型编入程序或者利用表格与插值相结合的方法，实时地修正测量数据。

(2) 具有数据处理能力。微型计算机具有很强的分析和运算能力，智能光电仪器可完成复杂的数据处理，从采集的数据中提取反映被测对象特征的信息，并将经加工处理后的数据恢复成原来的物理量大小，以直观的形式显示和记录下来。

(3) 能自动修正测量误差。确定了某项误差的规律，智能光电仪器就可建立起该项误差的修正模型。测量时，利用误差修正模型，选用适当的算法，可消除或减小误差，提高测量精度。

(4) 具有自适应能力。其中的智能系统能根据被测对象或工作环境的变化自动修正测量算法。如智能激光干涉仪能跟踪气温、气压和湿度等环境参数的变化，修正激光波长，保证仪器的精度不受环境变化的影响。

(5) 具有自检和自诊断能力。其中的智能系统通常都具有自检和自诊断能力，能自行测试仪器各部分的运行是否正常，一旦发现故障，还能诊断出是哪一部分出了故障，并能在显示装置上显示故障的类型和故障的部位。

(6) 具有对外接口功能。智能光电系统常带有 RS-232、网口等标准接口，能方便地与其它仪器或计算机组成自动测试系统。

(7) 具有良好的用户界面。微型处理器的加入，使智能光电仪器给用户提供了丰富的信息，用户可从键盘上输入命令和数据，从显示器读取数据，还可借助打印机记录数据、图表，并且系统可以直接显示输出汉字，可以设计出交互式的人机界面，操作者能迅速地掌握仪器操作。

1.3 光电仪器的基本特性

光电仪器具有以下基本特性。

1. 极限灵敏度

极限灵敏度的一种表述为：以最小的辐射通量入射到光学系统的入瞳中，能保证以规定的概率发现目标，保证跟踪目标的精度或目标像的复现精度，这个最小的辐射通量代表了系统的极限灵敏度。另一表述方法是：使信噪比达到规定值时所需的信号辐射通量。信噪比等于1的辐射功率称为噪声等效功率，例如：对在红外区工作的光电仪器，常用最小可分辨温差来表示。

由于传输介质对光线具有一定的衰减作用，光电系统的极限灵敏度决定了系统在规定工作条件下的作用距离。

2. 视场

视场是以光学系统入瞳中心为顶点的空间角，在此范围内系统可发现目标。在对称系统中，可用水平和垂直方向上的线角度表示空间视场角。瞬时视场是以入瞳中心为顶点的空间角，在此范围内系统可在规定的瞬间发现目标。扫描系统的瞬时视场是视场的一部分，利用扫描系统可减少背景的干扰，增加作用距离。

3. 光谱灵敏度

光电仪器对不同波长光线辐射响应的能力称做光谱灵敏度。灵敏度范围由引起响应的光波的最短和最长波长所划定。例如照相机乳剂中使用的卤化银主要对蓝、蓝紫和近紫外线的波长敏感，其范围大约为 300～500 nm。

4. 鉴别率和精度

鉴别率常用可分辨的两个点光源对系统入瞳中心的最小张角来表征，有时也可用每毫米的线对数表示。精度常用误差的均方根表示。

第 2 章　光电器件中的常用光电传感器

光电传感器是光电仪器中实现光电转换的关键元件，它的作用是把光信号（红外、可见及紫外光辐射）转变成为电信号。光电传感器一般由光源、光学通路和光电元件三部分组成。光电传感器的分类方法有很多种：

（1）按检测方式分为：对射型、扩散反射型、回归反射型、距离设定型、限定反射型。

（2）光电传感器按其构成状态可分为：放大器分离型、放大器内置型、电源内置型、光纤型。

（3）按光电传感器的工作原理分为：利用光电发射效应工作的光传感器，其中，典型器件是光电管和光电倍增管；利用光电导效应工作的光传感器，其中典型器件是 Cds 光敏电阻器；用于检测红外线的热释电效应型光电传感器以及其它光电效应类型的光传感器，如光敏二极管、光敏三极管、光电耦合器、CCD（电荷耦合器件）等。

本章主要介绍了光敏电阻、光敏二极管、光敏三极管、光电耦合器、光电开关式传感器、热释红外线传感器、图像传感器。重点介绍各种光传感器的工作原理、主要技术参数、适用范围、应用举例。

2.1　光 敏 电 阻

2.1.1　工作原理

在光的照射下，物质内部的原子可释放出电子，这些电子仍留在物体内部，这样物质内部在受光照射后电子和空穴的数目急骤增加，从而使物质的导电增加而改变自身的电阻，这种效应称为光电导效应。

制造光敏电阻的材料主要是金属的硫化物、硒化物和碲化物等半导体，通常采用涂敷、喷涂、烧结等方法在绝缘衬底上制作很薄的光敏电阻体及梳状欧姆电极，然后接出引线，封装在具有透光镜的密封壳体内，以免受潮影响其灵敏度。在黑暗环境里，光敏电阻的电阻值很高，当受到光照时，只要光子能量大于半导体材料的禁带宽度，则价带中的电子吸收一个光子的能量后可跃迁到导带，并在价带中产生一个带正电荷的空穴，这种由光照产生的电子—空穴对增加了半导体材料中载流子的数目，使其电阻率变小，从而造成光敏电阻阻值下降。光照越强，阻值越低。入射光消失后，由光子激发产生的电子—空穴对将逐渐复合，光敏电阻的阻值也就逐渐恢复原值。

在光敏电阻两端的金属电极之间加上电压，其中便有电流通过，受到一定波长的光线照射时，电流就会随光线强度的增加而变大，从而实现光电转换。当加在光敏电阻器上的电压恒定时，流过它的电流值将由射到光敏电阻器上的光照度值来决定。光照度越大，在光敏电阻器回路中流过的电流也越大。光敏电阻没有极性,纯粹是一个电阻器件,使用时既可加直流电压,也可以加交流电压。

2.1.2 主要技术参数

1. 亮电流与亮电阻

当光敏电阻器受到强光照射时,其电阻值(亮阻)会发生变化,可变为暗阻的几万分之一至几十万分之一。此时在一定的外加电压下,流过光敏电阻的电流称为亮电流。外加的电压与亮电流之比称为亮电阻。

2. 暗电流与暗电阻

在黑暗中(光照强度为 0 时)光敏电阻在一定的外加电压下也有微小的电流流过,此时的电阻值称为暗阻值,暗阻值可以从几万欧姆到几十兆欧姆,流过光敏电阻的电流称为暗电流。

3. 灵敏度

灵敏度是指光敏电阻不受光照射时的电阻值(暗电阻)和受某一特定光强照射时的电阻值(亮电阻)的相对变化量,变化量越大则代表其灵敏度越高。

4. 光谱效应

光谱效应又称光谱灵敏度。它是指光敏电阻在不同波长的单色光照下的灵敏度值。若把不同波长光照下的灵敏度画成曲线,就可得光谱灵敏度分布图,又称光谱效应曲线。Cds 光敏电阻的光谱响应峰值波长为 $0.52 \sim 0.85 \ \mu m$ 之间。其形状如图 2-1(a)所示。

5. 光照特性

这是指在外加电压恒定的情况下,光敏电阻输出的电流大小与光照强度的关系。其光照特性多数情况下为非线性的,只是在微小区域呈线性。光谱特性和光照特性如图 2-1(b)所示。

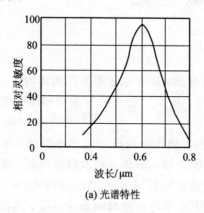
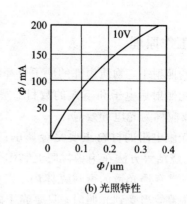

(a) 光谱特性   (b) 光照特性

图 2-1 光谱特性和光照特性

6. 温度系数

光敏电阻的光电效应受温度影响较大,不少的光敏电阻在低温下光电灵敏度较高,而在高温下则灵敏度降低,因此,光敏电阻只宜用于低温环境中。Cds 光敏电阻与温度的关系较复杂,有时亮电阻值随温度增大而增大,而有时又变小。通常用电阻温度系数来描述光敏电阻的这一特性。它表示温度每改变 1℃时,电阻值的相对变化量。其温度与光电流的关系如图 2-2 所示。

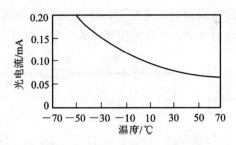

图 2-2　温度与光电流关系曲线

7. 额定功率

额定功率指光敏电阻所允许消耗的功率。主要取决于光敏电阻本身的特性、环境温度及光敏电阻本身所产生的温度。环境温度升高，光敏电阻允许的功率就降低。

表 2-1 列出国产常用光敏电阻的一些参数。

表 2-1　常用光敏电阻主要技术参数

规格	型号	最大电压 /V	最大功耗 /mW	环境温度 /℃	光谱峰值 /nm	亮电阻 (10Lux) /KΩ	暗电阻 /MΩ	响应时间 /ms	
Φ3	GL3516	100	50	−30～+70	540	5～10	0.6	30	30
Φ4	GL4516	150	50	−30～+70	540	5～10	0.6	30	30
Φ5	GL5516	150	90	−30～+70	540	5～10	0.5	30	30
Φ7	GL7516	150	100	−30～+70	540	5～10	0.5	30	30
Φ10	GL10516	200	150	−30～+70	560	5～10	1	30	30
Φ12	GL12516	250	200	−30～+70	560	5～10	1	30	30
Φ20	GL20516	500	500	−30～+70	560	5～10	1	30	30

2.1.3　适用范围及应用举例

1. 使用注意事项

（1）使用时应加限流电阻，以防光照突变而使光敏电阻器超载；

（2）在不超过额定功率的前提下，可按暗阻值计算最高工作电压值。

2. 适用范围

光敏电阻广泛地应用于人们生活的各个领域，如工业自动控制、自动报警等场合。目前，在电子照相机、曝光表、电视亮度自动调节、电子玩具、火焰点火探头、路灯控制、汽车远程灯控制、室内照明调光、音乐卡片等方面有大量应用。

3. 应用举例

图 2-3 是一种典型的光控调光电路，其工作原理是：当周围光线变弱时引起光敏电阻 R_G 的阻值增加，使加在电容 C 上的分压上升，进而使可控硅的导通角增大，达到增大照明

灯两端的电压的目的。反之若周围的光线变亮，则 R_G 的阻值下降，导致可控硅的导通角变小，照明灯两端的电压也同时下降，使灯光变暗，从而实现对灯光照度的控制。

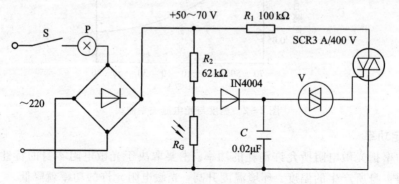

图 2-3　光控调光电路

图 2-4 为摄相机等的电子快门控制电路，由于曝光时间与光照强度有关，光照强度大则希望曝光时间短，而光照强度微弱时希望曝光时间长。电路的定时功能通过积分电容 C 与积分电阻 R_{cds} 构成，其输出为单触发延迟脉冲。在一定的照度下，Cds 光敏电阻的相应电阻为 R_{cds}，R_{cds} 与其串联电容 C 决定时间常数的大小。R_{cds} 与 C 的连接点接到比较器 A 的同相输入端，设定值 E 接到比较器 A 的反相输入端，它们经过比较器 A 比较，输出单触发脉冲。

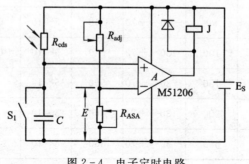

图 2-4　电子定时电路

图 2-5 是路灯自动亮灭控制电路。当光线变暗时，光敏电阻阻值较大激发 VT_1 导通，VT_2 的激励电流使继电器工作，常开触点闭合，常闭触点断开，实现对外电路的控制。

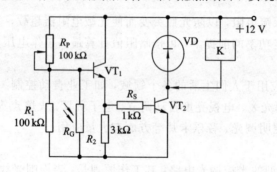

图 2-5　路灯自动亮灭控制电路

2.2　光 敏 二 极 管

2.2.1　工作原理

　　光敏二极管又称光电二极管，它与普通半导体二极管在结构上是相似的。在光敏二极管管壳上有一个能射入光线的玻璃透镜，入射光通过透镜正好照射在管芯上。发光二极管管芯是一个具有光敏特性的 PN 结，它被封装在管壳内。发光二极管管芯的光敏面是通过扩散工艺在 N 型单晶硅上形成的一层薄膜。光敏二极管的管芯以及管芯上的 PN 结面积做得较大，而管芯上的电极面积做得较小，PN 结的结深比普通半导体二极管浅，这些结构上的特点都是为了提高光电转换的能力。另外，与普通半导体二极管一样，在硅片上生长了一层 S_iO_2 保护层，它把 PN 结的边缘保护起来，从而提高了管子的稳定性，减少了暗电流。

　　光敏二极管与普通光敏二极管 PN 结一样，具有单向导电性，因此，光敏二极管工作时应加上反向电压。当无光照时，电路中也有很小的反向饱和漏电流，一般为 $1 \times 10^{-8} \sim$ 1×10^{-9} A（称为暗电流），此时相当于光敏二极管截止；当有光照射时，PN 结附近受光子的轰击，半导体内被束缚的价电子吸收光子能量而被激发产生电子—空穴对，这些载流子的数目，对于多数载流子影响不大，但对 P 区和 N 区的少数载流子来说，则会使少数载流子的浓度大大提高，在反向电压作用下，反向饱和漏电流大大增加，形成光电流，该光电流随入射光强度的变化而相应变化。光电流通过负载 R_L 时，在电阻两端将得到随入射光变化的电压信号。

　　光敏二极管的种类较多：有通用光敏二极管、雪崩光敏二极管、蓝光光敏二极管、视敏光敏二极管（GaAsP）、红外光敏二极管、激光光敏二极管、紫外光敏二极管和插件式光敏二极管。国产的光敏二极管中最常用的有 2CU 型、2DU 型、HPD 型。进口的有夏普 SPD 型、SBC 型、BS 型、PD 型等。

　　光敏二极管的优点是线性好，响应速度快，对宽范围波长的光具有较高的灵敏度，噪声低，小型轻量以及耐振动与冲击等；缺点是输出电流小。

2.2.2　主要技术参数和特性

1. 开路电压与短路电流

　　由于光生电效应，光敏二极管 PN 结两端开路时，其电压称为开路电压 V_{oc}，短路时电流称为短路电流 I_{sc}。

　　若光敏二极管短路，则流过二极管的电流 I_{sc}（短路电流）与光照度成比例，设光照度为 E，比例常数为 K，则 $I_{sc} = KE$ 与二极管感光有效面积成比例，即有效面积越大，短路电流也越大，但是暗电流也随之增加。

　　若光敏二极管输出开路，则开路输出电压 V_{oc} 与光通量 E 的对数成比例，即

$$V_{oc} = \frac{KT}{g} \ln \frac{KE}{I_0} \tag{2-1}$$

其中，K 为波尔兹曼常数（1.4×10^{-23} J/K）；T 为绝对温度（K）；g 为电子电荷量（1.6×10^{-19} C）；I_0 为反向饱和电流（A）。

由式(2-1)可知，V_{oc}受温度系数的影响很大，例如，硅光敏二极管的温度系数为$-2\ mV/℃$，因此，如果用于光强测量时常用于精度不高的场合。

2. 光敏二极管的暗电流

光敏二极管在实际应用中，即使光通量为 0 时，还会有很小的输出电流，此电流称为暗电流。暗电流决定了低照度时的测量界限，并随温度与反偏压而变化，变化幅度很大。

一般地说，GaAsP 光敏二极管的能量间隙 E_g 较大，暗电流小于硅光敏二极管，但因有管壳与结晶表面的漏电流，实际暗电流比理想值大得多，但漏电流也只有硅二极管的1/10。

3. 光敏二极管的光谱灵敏度特性

(1) 硅光敏二极管的光谱灵敏度特性：对于硅光敏二极管，波长大于 1100 nm 的光几乎不产生电流，也就是说，硅光敏二极管不吸收波长大于 1100 nm 的光。

(2) GaAsP 光敏二极管的光谱灵敏度特性：GaAsP 光敏二极管的峰值波长在可见光范围内，因此，检测可见光时，不用加紫外线截止滤光器，其暗电流小，开路电压大。

4. 光敏二极管的响应特性

若设响应特性的上升时间与下降时间分别为 t_R 和 t_F，则有

$$t_R(t_F) = 2.2C_1R_1 \qquad (2-2)$$

其中：C_1 为 PN 结的结电容；R_1 为负载电阻。

二极管的反偏压越大，PN 结电容 C_1 越小，因此，当用于高速响应电路中，必须加反偏压使用，但暗电流也增大。表 2-2 列出了 2DU 系列硅光敏二极管的主要技术参数。

表 2-2　光敏二极管主要技术参数

型号	最高工作电压/V	暗电流/μA	光电流/μA	灵敏度$\mu A/\mu W$	峰值波长/A	光谱范围/μm	响应时间/ns	结电容/PF	环境温度/℃
2CU3A	10								
2CU3B	20	≤0.5	≤15				10^{-7} s	≤20	
2CU3C	30			≤0.5	8800	0.4~1.1			$-55\sim$ $+125$
2CU5A	10								
2CU5B	20	≤0.1	≤10				5~50	≤2	
2CU5C	30								

2.2.3　适用范围及典型应用

1. 适用范围

光敏二极管主要用于自动控制，如光耦合、光电读出装置、红外线遥控装置、红外防盗、路灯的自动控制、过程控制、编码器、译码器等。

2. 典型应用

图 2-6 是亮道的光控电路。VD 是光敏二极管，作为光敏接收元件，VT$_1$ 和 VT$_2$ 直接耦合组成一级射极跟随器，VD$_1$ 用于保护 VT$_2$。当有光照射到光敏二极管 VD 上时，VD 的内阻减小，因此，使通过 VD 和 R_1 的电流变大，使 VT$_1$ 导通。VT$_1$ 发射极电流大部分流入

VT$_2$ 的基极，使 VT$_2$ 饱和导通，这样，继电器 J 流经较大电流，使继电器触点吸合；当无光照射时，VD 的内阻增大，通过 VD 和 R_1 的电流很小，使 VT$_1$ 截止，VT$_2$ 也截止，继电器 J 触点释放，这样电路能起到光控的目的。

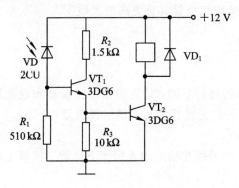

图 2-6　亮道光控电路

2.3　光　敏　三　极　管

2.3.1　工作原理

光敏三极管与普通半导体三极管一样，是采用半导体制作工艺制成的具有 NPN 或 PNP 结构的半导体管。它在结构上与半导体三极管相似，它的引出电极通常只有两个，也有三个的。

光敏三极管的结构如图 2-7 所示。为适应光电转换的要求，它的基区面积做得较大，发射区面积做得较小，入射光主要被基区吸收。和光敏二极管一样，管子的芯片被装在带有玻璃透镜的金属管壳内，当光照射时，光线通过透镜集中照射在芯片上。

将光敏三极管接在如图 2-8 所示电路中，光敏三极管的集电极接正电位，其发射极接负电位。当无光照射时，流过光敏三极管的电流，就是正常情况下光敏三极管集电极与发射极之间的穿透电流 I_{ceo}，它也是光敏三极管的暗电流，其大小为

$$I_{ceo} = (1 + h_{FE}) I_{cbo} \qquad (2-3)$$

其中，I_{cbo} 为集电极与基极间的饱和电流；h_{FE} 为共发射极直流放大系数。

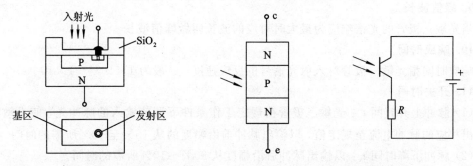

图 2-7　光敏三极管的结构图　　　　图 2-8　光敏三极管的电路

当有光照射在基区时，激发产生的电子—空穴对增加了少数载流子的浓度，使集电结

反向饱和电流大大增加，这就是光敏三极管集电结的光生电流。该电流注入发射结进行放大，成为光敏三极管集电极与发射极间的电流，它就是光敏三极管的光电流。可以看出，光敏三极管利用普通半导体三极管的放大作用，将光敏二极管的光电流放大了 $(1+h_{FE})$ 倍。所以，光敏三极管比光敏二极管具有更高的灵敏度。

2.3.2 主要技术参数

1. 光谱特性

光敏三极管由于使用的材料不同，分为锗光敏三极管和硅光敏三极管，使用较多的是硅光敏三极管。光敏三极管的光谱特性与光敏二极管是相同的。

2. 伏安特性

光敏三极管的伏安特性是指在给定的光照度下光敏三极管上的电压与光电流的关系。

3. 光电特性

光敏三极管的光电特性反映了当外加电压恒定时，光电流与光照度之间的关系。光敏三极管的光电特性曲线的线性度不如光敏二极管好，且在弱光时光电流增加较慢。

4. 温度特性

温度对光敏三极管的暗电流及光电流都有影响。由于光电流比暗电流大得多，在一定温度范围内温度对光电流的影响比对暗电流的影响要小。

5. 暗电流 I_D

在无光照的情况下，集电极与发射极间的电压为规定值时，流过集电极的反向漏电流称为光敏三极管的暗电流。

6. 光电流 I_L

在规定光照下，当施加规定的工作电压时，流过光敏三极管的电流称为光电流，光电流越大，说明光敏三极管的灵敏度越高。

7. 集电极—发射极击穿电压 V_{CE}

在无光照的情况下，集电极电流 I_C 为规定值时，集电极与发射极之间的电压降称为集电极—发射极击穿电压。

8. 最高工作电压 V_{RM}

在无光照的情况下，集电极电流 I_C 为规定的允许值时，集电极与发射极之间的电压降称为最高工作电压。

9. 峰值波长 λ_P

当光敏三极管的光谱响应为最大时对应的波长叫做峰值波长。

10. 响应时间

响应时间指光敏三极管对入射光信号的反应速度，一般为 $1 \times 10^{-3} \sim 1 \times 10^{-7}$ s。

11. 开关时间

(1) 脉冲上升时间 t_r：光敏三极管在规定工作条件下调节输入的脉冲光，使光敏三极管输出相应的脉冲电流至规定值，以输出脉冲前沿幅度的从 10% 至 90% 所需的时间。

(2) 脉冲下降时间 t_r：以输出脉冲后沿幅度从 90%～10% 所需的时间。

(3) 脉冲延迟时间 t_d：从输入光脉冲开始到输出电脉冲前沿的 10% 所需的时间。

(4) 脉冲储存时间 t_s：当输入光脉冲结束后，输出电脉冲下降到脉冲幅度的 90% 所需的时间。

2.3.3　适用范围及其应用举例

光敏三极管适用范围与光敏二极管一致。

图 2-9 为用光敏三极管设计的光控语音电路。由光控开关与语音集成电路两部分组成。其中光敏三极管 VT_1 和晶体三极管 VT_2，电阻 R_1、R_2、R_3 和电容 C_1、C_2 等构成光控开关电路。语音集成电路 IC 及三极管 VT_3，电阻 R_4、R_5 等构成语音放大电路。平常在光源照射下，VT_1 呈低阻状态，VT_2 饱和导通，IC 触发端 3 脚得不到正触发脉冲而不工作，扬声器无声。当 VT_1 被物体遮挡时，便产生一负脉冲电压，并通过 C_1 耦合到 VT_2 的基极，导致 VT_2 进入截止状态，IC 获得一正触发脉冲而工作，输出音频信号通过 VT_3 放大，推动扬声器发出声响。

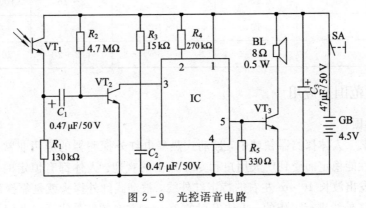

图 2-9　光控语音电路

2.4　热释红外线传感器

2.4.1　工作原理

任何高于绝对零度的物体都会放出红外线，其表面的温度越高，红外辐射的峰值波长就越短。热释红外线传感器是 20 世纪 80 年代发展起来的一种新型敏感元件，主要是由高热电系数的锆钛酸铅系陶瓷以及钽酸锂、硫酸三甘钛等配合滤光镜片窗口组成，又称为热电堆感测器。它能以非接触形式检测出物体放射出来的红外线能量变化，并将其转换成电信号输出。内部由光学滤镜、场效应管、红外感应源（热释电元件）、偏置电阻、EMI 电容等元器件组成，其内部结构如图 2-10 所示。

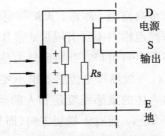

图 2-10　热释红外线传感器内部结构图

2.4.2 主要技术参数

热释红外传感器所涉及到的主要参数有：输出电压、输出阻抗、探测波长、视角等。常用热释红外线传感器主要技术参数如表2-3所示。

表2-3 热释红外线传感器主要技术参数

型 号	输出电压/mV	输出阻抗/kΩ	探测度 /cmHz^{-2}W^{-1}	探测波长/μm	视角 /度	电源电压/V
PIA01A			1×10^8	2～15	90	5～15
PIA01B			0.8×10^8	7～15	90	5～15
PVF2	1	10		2～15	100	3～15
LN074B		10	1×10^8	>7		5～10
IRA-E001S		10		1.2～20	70	5～15

2.4.3 适用范围及应用

1. 适用范围

在电子防盗、人体探测器领域中，被动式热释电红外探测器的应用非常广泛，因其价格低廉、技术性能稳定而受到广大用户和专业人士的欢迎。人体都有恒定的体温，一般在37℃，所以会发出波长10 μm左右的特定红外线，被动式红外探头就是靠探测人体发射的10 μm左右的红外线进行工作的，人体发射的10 μm左右的红外线通过菲涅耳滤光片增强后聚集到红外感应源上，可用于各种防盗报警设备，还可用于遥控、遥测、防火、自动化设备等方面。

2. 被动式热释电红外探头的优缺点

（1）优点：本身不发出任何类型的辐射，器件功耗很小，隐蔽性好，价格低廉。

（2）缺点：容易受各种热源、光源干扰；被动红外穿透力差，人体的红外辐射容易被遮挡，不易被探头接收；易受射频辐射的干扰；环境温度和人体温度接近时，探测和灵敏度明显下降，有时造成短时失灵。

3. 红外线热释电传感器的安装要求

红外线热释电传感器只能安装在室内，其误报率与安装的位置和方式有极大的关系。正确的安装应满足下列条件：

（1）红外线热释电传感器应离地面2.0～2.2 m。

（2）红外线热释电传感器应远离空调、冰箱、火炉等空气温度变化敏感的地方。

（3）红外线热释电传感器探测范围内不得有隔屏、家具、大型盆景或其它隔离物。

（4）红外线热释电传感器不要直对窗口，否则窗外的热气流扰动和人员走动会引起误报，有条件的最好把窗帘拉上。红外线热释电传感器也不要安装在有强气流活动的地方。

（5）红外线热释电传感器对人体的敏感程度还和人的运动方向关系很大。红外线热释电传感器对于纵向移动反应最不敏感，而对于横切方向（即与半径垂直的方向）移动则最为敏感。在现场选择合适的安装位置是避免红外探头误报，求得最佳检测灵敏度极为重要的一环。

4. 应用举例

人体感应应用的典型电路如图 2-11 所示。它是由热释电传感器以及匹配的带通放大器构成。这是一个具有两极带通放大器的电路，共有三个分频点，其中

$$f_1 = \frac{1}{2\pi C_1 R_1}; \quad f_2 = \frac{1}{2\pi C_2 R_2}; \quad f_3 = \frac{1}{2\pi C_3 R_3} \qquad (2-4)$$

其中，f_1 为高通低削分频点；f_3 为低通高削分频点。

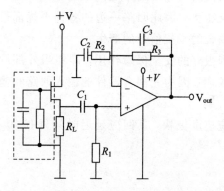

图 2-11 热释红外线传感器应用于人体感应电路

2.5 光电耦合器

2.5.1 工作原理

光电耦合器件（简称光耦）是把发光器件（如发光二极管）和光敏器件（如光敏三极管）组装在一起，通过光线实现耦合构成电—光和光—电的转换器件。光电耦合器可以分为很多种类，图 2-12 所示为常用的三极管型光电耦合器原理图。

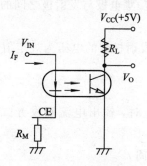

图 2-12 光电耦合器结构图

当电信号送入光电耦合器的输入端时，发光二极管通过电流而发光，光敏元件受到光照后产生电流，光电元件 CE 导通；当输入端无信号时发光二极管不亮，光敏三极管截止，光电元件 CE 不通。对于数字量，当输入为低电平"0"时，光敏三极管截止，输出为高电平"1"；当输入为高电平"1"时，光敏三极管饱和导通，输出为低电平"0"。若基极有引出线，可满足温度补偿、检测调制要求。光耦合器性能较好，价格便宜，因而应用广泛。

光电耦合器之所以在传输信号的同时能有效地抑制尖脉冲和各种干扰，使通道上的信号噪比大为提高，主要有以下几方面的原因：

（1）光电耦合器的输入阻抗很小，只有几百欧姆，而干扰源的阻抗较大，通常为 $10^5 \sim 10^6 \ \Omega$。由分压原理可知，即使干扰电压的幅度较大，但馈送到光电耦合器输入端的噪声电压会很小，只能形成很微弱的电流，由于没有足够的能量而不能使二极管发光，从而被抑制掉了。

（2）光电耦合器的输入回路与输出回路之间没有电气联接，也没有共地，两者间的分布电容极小，而绝缘电阻又很大，因此回路一边的各种干扰都很难通过光电耦合器馈送到另一边去，避免了共阻抗耦合的干扰信号的产生。

（3）光电耦合器可起到很好的安全保障作用，即使当外部设备出现故障，甚至输入信号线短接时，也不会损坏仪表。因为光耦合器件的输入回路和输出回路之间可以承受几千伏的高压。

（4）光电耦合器的回应速度极快，其回应延迟时间只有 10 μs 左右，适于对回应速度要求很高的场合。

2.5.2 主要技术参数

1. 正向压降 V_F

二极管通过的正向电流为规定值时，正负极之间所产生的电压降。

2. 反向电流 I_R

在被测管两端加规定反向工作电压 V_R 时，二极管中流过的电流。

3. 反向击穿电压 V_{BR}

被测管通过的反向电流 I_R 为规定值时，在两极间所产生的电压降。

4. 输出饱和压降 $V_{CE(sat)}$

发光二极管工作电流 I_F 和集电极电流 I_C 为规定值时，并保持 $I_C/I_F \leqslant CTR_{min}$ 时（CTR_{min} 在被测管技术条件中规定）集电极与发射极之间的电压降。

5. 反向截止电流 I_{CEO}

发光二极管开路，集电极至发射极间的电压为规定值时，流过集电极的电流为反向截止电流。

6. 电流传输比 CTR

输出管的工作电压为规定值时，输出电流和发光二极管正向电流之比为电流传输比 CTR。

7. 脉冲上升时间 t_r、下降时间 t_f

光耦合器在规定工作条件下，发光二极管输入规定电流 I_{FP} 的脉冲波，输出端管则输出相应的脉冲波，从输出脉冲前沿幅度的 $10\% \sim 90\%$，所需时间为脉冲上升时间 t_r；从输出脉冲后沿幅度的 $90\% \sim 10\%$，所需时间为脉冲下降时间 t_f。

8. 入出间隔离电阻 R_{IO}

半导体光耦合器输入端和输出端之间的绝缘电阻值。

GH3201Z 的主要技术参数如表 2-4 所示。

表 2 - 4　光耦 GH3201Z 的主要技术参数

特　性		符号	测试条件	最小	典型	最大	单位
隔离特性	隔离电阻	R_{IO}	$V_{IO}=500$ V	10^{10}			Ω
开关特性	上升时间	t_r	$V_{cc}=5$ V，$R_L=360$ Ω，$f=10$ kHz			10	μs
	下降时间	t_t	$I_{FF}=10$ mA，D:1/2			10	μs
LED 输入特性	反向电流	I_R	$V_R=5$ V		0.01	1.0	μA
	正向电压	V_F	$I_F=10$ mA		1.2	1.4	V
晶体管输出特性	电流传输比	CTR	$V_{cc}=5$ V，$I_F=10$ mA，$R_L=200$ Ω	60		180	%
	集—发饱和电压	V_{CE}	$V_{cc}=5$ V，$I_F=10$ mA，$R_L=4.7$ kΩ		0.1	0.4	V
	集—发截止电流	I_{CEO}	$V_{ce}=5$ V，$I_F=0$ mA		0.01	1.0	μA

2.5.3　主要应用

　　光电耦合器用于输入/输出隔离电路，有效防止噪声传导耦合进入电路，GH1201Z 光耦的典型应用如图 2-13 所示。

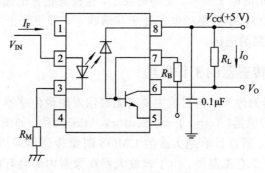

图 2-13　GH1201Z 的典型应用电路

2.6　图像传感器

　　图像传感器有 CCD 图像传感器及 CMOS 图像传感器两种，CCD 称为电荷耦合半导体器件，CMOS 称为互补型金属氧化物场效应器件。贝尔实验室的 W. S. ByIe 和 C. E. Smith 于 1970 年发明了 CCD 器件。CCD 有线阵和面阵两种，是 Charge Coupled Device（电荷耦合器件）的缩写，它是一种半导体成像器件，因而具有灵敏度高、抗强光、畸变小、体积小、寿命长、抗震动等优点。CMOS 图像传感器是采用互补金属—氧化物—半导体工艺制作的另一类图像传感器，简称 CMOS。现在市售的视频摄像头多使用 CMOS 作为光电转换器件。虽然目前的 CMOS 图像传感器成像质量比 CCD 略低，但 CMOS 具有体积小、耗电量小、售价便宜的优点。随着硅晶圆加工技术的进步，CMOS 的各项技术指标有望超过 CCD，它在图像传感器中的应用也将日趋广泛。

2.6.1 CCD 图像传感器的工作原理

CCD 的基本单元是 MOS 电容器，这种电容器能存储电荷，其结构如图 2 - 14 所示。以 P 型硅为例，在 P 型硅衬底上通过氧化在表面形成 SiO₂ 层，然后在 SiO₂ 上淀积一层金属为栅极，P 型硅里的多数载流子是带正电荷的空穴，少数载流子是带负电荷的电子。当在金属电极上施加正电压时，其电场能够透过 SiO₂ 绝缘层对这些载流子进行排斥或吸引。于是带正电的空穴被排斥到远离电极处，剩下的带负电的少数载流子在紧靠 SiO₂ 层形成负电荷层(耗尽层)，电子一旦进入由于电场作用就不能复出，故又称为电子势阱。

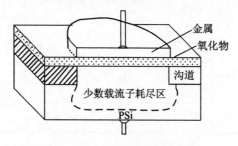

图 2 - 14 MOS 电容器剖面图

当电容器受到光照时(光可从各电极的缝隙间经过 SiO₂ 层射入，或经衬底的薄 P 型硅射入)，光子的能量被半导体吸收，产生电子—空穴对，这时出现的电子被吸引存储在势阱中，光越强，势阱中收集的电子越多，光弱则反之，这样就把光的强弱变成电荷的数量，实现了光与电的转换，而势阱中收集的电子处于存储状态，即使停止光照一定时间内也不会损失，这就实现了对光照的记忆。

2.6.2 CMOS 图像传感器的工作原理

CMOS 图像传感器的像素结构目前主要有无源像素图像传感器(Passive Pixel Sensor，PPS)和有源像素图像传感器(Active Pixel Sensor，APS)两种，如图 2 - 15 所示。由于 PPS 信噪比低、成像质量差，所以目前绝大多数 CMOS 图像传感器采用的是 APS 结构。APS 结构的像素内部包含一个有源器件。由于该放大器在像素内部具有放大和缓冲功能，具有良好的消噪功能，且电荷不需要像 CCD 器件那样经过远距离移位到达输出放大器，因此避免了所有与电荷转移有关的 CCD 器件的缺陷。

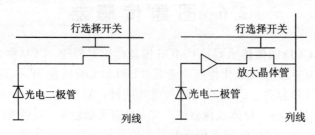

图 2 - 15 CMOS 的两种像素结构

APS 像素中的放大器仅在读出期间被激发，将经光电转换后的信号在像素内放大，然后用 X－Y 地址方式读出，提高了固体图像传感器的灵敏度。由于 APS 像素单元中的放大器不受电荷转移效率的限制，速度快，所以图像质量较 PPS 得到了明显的改善。但是与 PPS 相比，APS 的像素尺寸较大、填充系数小，所设计的填充系数典型值为 0.2~0.3。

一个典型的 CMOS 图像传感器的总体结构如图 2－16 所示。在同一芯片上集成有模拟信号处理电路、I²C 控制接口、曝光/白平衡控制、视频时序产生电路、数字转换电路、行选择、列选择及放大和光敏单元阵列。芯片上的模拟信号处理电路主要执行相关双采样 (Correlated Double Sampling，CDS) 功能。芯片上的 A/D 转换器可以分为像素级、列级和芯片级几种情况，即每一个像素有一个 A/D 转换器，每一个列像素有一个 A/D 转换器，或者每一个感光阵列有一个 A/D 转换器。由于受芯片尺寸的限制，所以像素级的 A/D 转换器不易实现。CMOS 片内部提供了一系列控制寄存器，通过总线编程(如 PC 总线)对自增益、自动曝光、白色平衡、校正等功能进行控制，编程简单、控制灵活。直接输出的数字图像信号可以很方便地与后续处理电路接口，供数字信号处理器对其进行处理。

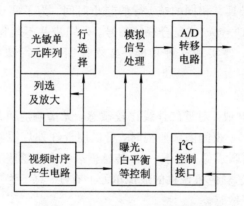

图 2－16 　CMOS 芯片组成方框图

CCD 与 CMOS 唯一的区别就是 CCD 是集成在半导体单晶材料上，而 CMOS 是集成在俗称金属氧化物材料的半导体材料上，工作原理没有本质的区别，都属于有源控制电荷输入型无增益电子器件的大规模集成电路。不论采用何种结构，感光单元与 CCD 或 CMOS 单元集成在一个芯片上，那么 CCD 或 CMOS 单元就要占据一定的表面积，所有图像传感器的感光表面只能有一部分用作感光单元的光线接收面，其余部分还要留给 CCD 或 CMOS 单元以及元器件之间的绝缘隔离带，所以最终光电图像传感器不能像胶片一样整个表面积完全用来接收光线信号。

2.6.3　主要技术参数

1. 分辨率

评价摄像机分辨率的指标是水平分辨率，其单位为线对，即成像后可以分辨的黑白线对的数目。常用的黑白摄像机的分辨率一般为 380~600 线，彩色为 380~480 线，其分辨率数值越大成像越清晰。一般的监视场合，用 400 线左右的黑白摄像机就可以满足要求；而对于医疗、图像处理等特殊场合，用 600 线的摄像机能得到更清晰的图像。分辨率为 25 万像素左右，对应彩色 330 线/黑白 400 线为低档型；25 万至 38 万像素之间，对应彩色

420 线/黑白 500 线为中档型；38 万像素以上，对应彩色大于或等于 460 线/黑白 570 线以上为高档型。

2. 成像灵敏度

通常用最低环境照度要求来表明摄像机灵敏度，黑白摄像机的灵敏度大约是 0.02～0.5 Lux(勒克斯)，彩色摄像机多在 1 Lux 以上。0.1 Lux 的摄像机用于普通的监控场合；在夜间使用或环境光线较弱时，推荐使用 0.02 Lux 的摄像机。与近红外灯配合使用时，也必须使用低照度的摄像机。另外摄像的灵敏度还与镜头有关。

3. 电子快门

电子快门的时间在 1/50～1/100 000 秒之间，摄像机的电子快门一般设置为自动电子快门方式，可根据环境的亮暗自动调节快门时间，得到清晰的图像。有些摄像机允许用户自行手动调节快门时间，以适应某些特殊应用场合。

4. 外同步与外触发

外同步是指不同的视频设备之间用同一同步信号来保证视频信号的同步，它可保证不同的设备输出的视频信号具有相同的帧、行的起止时间。为了实现外同步，需要给摄像机输入一个复合同步信号(C-sync)或复合视频信号。外同步并不能保证用户从指定时刻得到完整的连续的一帧图像，要实现这种功能，必须使用一些特殊的具有外触发功能的摄像机。

5. 光谱响应特性

CCD 器件由硅材料制成，对近红外线比较敏感，光谱响应可延伸至 $1.0~\mu m$ 左右。其响应峰值为绿光(550 nm)。夜间隐蔽监视时，可以用近红外灯照明，人眼看不清的环境情况，在监视器上却可以清晰成像。由于 CCD 传感器表面有一层吸收紫外线的透明电极，所以 CCD 对紫外线不敏感。彩色摄像机的成像单元上有红、绿、兰三色滤光条，所以彩色摄像机对红外、紫外线均不敏感。

6. CCD 芯片的尺寸

CCD 的成像尺寸常用的有 1/2"、1/3"也有 1"，1/4"，成像尺寸越小的摄像机的体积可以做得更小些。在相同的光学镜头下，成像尺寸越大，视场角越大。常见的 CCD 芯片尺寸如下：

芯片规格	成像面大小(宽×高)	对角线
1/2	6.4 mm×4.8 mm	8 mm
1/3	4.8 mm×3.6 mm	6 mm

2.6.4 图像传感器的应用

图像传感器在许多领域内获得广泛的应用。它是构成固态图像传感器的主要光敏器件，可用于摄像机、传真通讯系统、光学字符识别、工业检测与自动控制、医学标本分析与检测、天文观测及军事应用。

图像传感器在检测物体的位置、工件尺寸的精确测量及工件缺陷的检测方面有独到之处。下面介绍一个利用 CCD 图像传感器进行工件尺寸检测的例子。

图 2-17 为应用 CCD 图像传感器测量物体尺寸系统。物体成像聚焦在图像传感器的光敏面上，视频处理器对输出的视频信号进行存储和数据处理，整个过程由微机控制完

成。根据几何光学原理，可以推导被测物体尺寸计算公式，即

$$D = n \times \frac{p}{M}$$

其中：n 为覆盖的光敏像素数；p 为像素间距；M 为倍率。

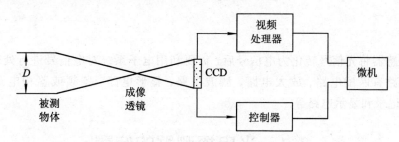

图 2-17　应用 CCD 图像传感器测量物体尺寸

微机可对多次测量求平均值，精确得到被测物体的尺寸。任何能够用光学成像的零件都可以用这种方法，实现不接触的在线自动检测的目的。

第3章 光电信号的处理及采集

光电传感器将光信号转化为电信号后，需要利用电子系统对电信号进行处理。其中包括的主要电路有匹配电路、放大电路、滤波电路、整形电路、鉴频或鉴相电路、A/D 或 D/A 电路、记录和显示电路等。

3.1 光电探测器的偏置

正确地设置光电探测器的偏置，对提高探测灵敏度、降低噪声、提高响应频率、发挥光电探测器的最佳性能都具有重要意义。

3.1.1 光电探测器的偏置方式

不同类型的光电探测器要求不同的偏置电路。一般来说，光电探测器的偏置方式有零偏置和外加偏置两种。

(1) 零偏置。热电偶、热释电探测器、光磁电探测器和光伏探测器都属这种类型的探测器。前三种光电探测器不需外加偏置电源，在光照下产生的光电流(电压)经过一定的耦合方式(直接耦合、变压器耦合或阻容耦合)与前置放大器相连，可实现对信号的有效放大。对这种类型的光电探测器，无需偏置，根据其运用特点，确定合适的输入阻抗的前置放大器与其耦合。光伏探测器是 PN 结型探测器，它可以工作在零偏压状态(即无偏置)，也可工作于反偏压状态。

(2) 外加偏置。这类探测器需要通过外加电源才能形成光电流(电压)，故必须外加偏置才能正常工作。光电导探测器、光电子发射探测器等都属于这类探测器。

3.1.2 几种常用的偏置电路

1. 一般直流偏置电路

图 3-1 给出了一般直流偏置电路示意图。图中 R_d 为探测器内阻，R_B 为偏置电阻，V_A 为直流偏置电源，C 为隔直流电容，C 的输出直接加到前置放大器的输入端。为了减小偏置电路引入的噪声，R_B 应选择低噪声电阻，偏置电源 V_A 可以从探测系统总电源经过几级去耦滤波得到，也可以直接采用 50 Hz 电源经过整流、滤波及稳压电路供给。对很微弱的光信号进行探测时，50 Hz 的纹波将会严重干扰信号。因此，在要求极低噪声的系统中，用电池供电。

图 3-1 所示的偏置电路适用于光电导探测器。当光照射到探测器上时，R_d 阻值发生变化，导致 R_d 与 R_B 的分压比发生变化。通常 R_B 可有不同的选择，它可等于、大于或小于 R_d，分别组成匹配偏置、恒流偏置或恒压偏置电路。

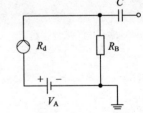

图 3-1 一般直流偏置电路

2. 恒流偏置

如图 3 - 2 所示，如果选择取 $R_L \geqslant R_d$，则流过探测器的电流近似恒定电流，与 R_d 无关，不随光辐射的变化而变化，这种偏置称为恒流偏置。光电导探测器常采用这种偏置，其最佳偏置电流一般由厂家给出。

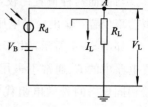

$$I_L = \frac{V_B}{R_d + R_L} \approx \frac{V_B}{R_L} \qquad (3-1)$$

图 3 - 2　光电探测器偏置电路

$$V_s = \frac{V_B R_L \cdot dR_d}{(R_d + R_L)^2} = \frac{I_L R_L \cdot \Delta R_d}{R_d + R_L}$$

$$= \frac{I_L R_L \cdot R_d^2 \Delta G_d}{R_d + R_L} \approx I_L R_d^2 \Delta G_d \qquad (3-2)$$

从上述可以看出输入信号受光电传感器的内阻影响严重。

3. 恒压偏置

图 3 - 2 中，如果选择 $R_L \leqslant R_d$，则 $V_A = \dfrac{V_B R_L}{R_d + R_L} \approx 0$，可推出：

$$V = V_B - V_A \approx V_B \qquad (3-3)$$

从式(3 - 3)可以看出光电探测器上的电压近似等于 V_B 与 R_d 无关，基本恒定，与光辐射变化无关。但流过光电探测器的偏流不恒定，随 R_d 变化。

$$V_s = \frac{V_B R_L \cdot dR_d}{(R_d + R_L)^2} = \frac{I_L R_L \cdot R_d^2 \Delta G_d}{R_d + R_L}$$

$$= I_L R_L \cdot R_d \Delta G_d = V_B R_L \Delta G_d = V_B R_L S \Delta \phi \qquad (3-4)$$

从式(3 - 4)可以看出输出电压不受探测器电阻 R_d 的影响。

对于响应度要求不是太高，而探测器本身噪声又比较大时，常采用这种偏置电路。如图 3 - 3 所示，直流电源通过 $R_L(R_L \leqslant R_d)$ 加至光电导探测器上，以构成恒压偏置电路。

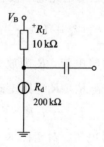

图 3 - 3　光电探测恒压偏置电路

偏置的选择与光电探测器本身的特性(内阻 R_d、噪声等)有关，不同形式的偏置电路会引入不同的噪声。通过电子学的分析方法可以详细计算偏置电路与探测系统参数的关系。由于篇幅所限，在此仅给出主要的结论。

4. 匹配偏置

匹配偏置是指在图 3 - 2 中偏置电阻 R_L 等于探测器内阻 R_d，为一匹配偏置电路，此时其输出功率基本恒定。

$$P_m = \frac{V_B^2 \cdot R_d}{(R_d + R_L)^2} = \frac{V_B^2}{4R_d} \qquad (3-5)$$

与前面两种偏置比较,当 R_d 变化时探测器上的功率变化最小,功率基本恒定故也称为恒功率偏置,输出信号电压的变化也最大。

如图 3-4 所示,由于光敏电阻的阻值对温度变化特别敏感,偏置电路中的 R_B 通常不采用一个固定电阻,而是用一个与所用探测器相同规格的光敏电阻代替,使 R_B 和 R_d 随温度产生相同的变化,以减小由于环境温度变化对输出信号的影响,从而保持输出端电位的稳定。

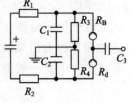

图 3-4 匹配偏置电路

5. 反偏偏置

PN 结光电效应主要是非平衡载流子中的电子运动。所以,对于 PN 结型光伏探测器,其用法有两种:一种是不外加电压,直接与负载相接,如图 3-5 所示;另一种是加反向电压,形成反偏偏置,如图 3-6 所示。

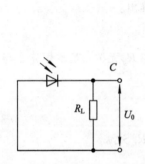

图 3-5 光电二极管不加外电源电路

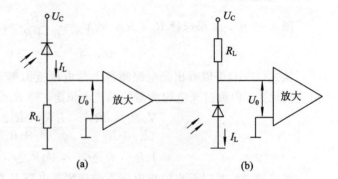

图 3-6 光电二极管加外电源电路

在图 3-6(a)中放大器的输入电压便是光电二极管输出的光电信号电压,其表达式为

$$U_0 = (I_L + I_D) \frac{R_L R_i}{R_L + R_i} \tag{3-6}$$

式(3-6)中,I_D 为光电二极管的暗电流,R_i 为放大器的输入阻抗。一般情况下,I_L 比 I_D 大得多,否则光电信号难于取出。若 $R_i \gg R_L$,则上式便简化为

$$U_0 = I_L R_L \tag{3-7}$$

通过式(3-7)可以算出光电信号电压。对于图 3-6(b)所示情况,放大器的输入电压已不等于光电信号电压。假定 $I_L \gg I_D$,则放大器的输入电压为

$$U_0 = \frac{U_C - I_L R_L}{1 + R_L/R_i} \tag{3-8}$$

若 $R_i \gg R_L$,则有

$$U_0 = U_C - I_L R_L \tag{3-9}$$

$I_L R_L$ 仍然是光电二极管的光电信号电压。比较式(3-7)和式(3-9)可以看出,上述两种电路输出的光电信号电压的幅值相同,但相位是相反的。

反偏偏置可以减小结电容,电路时间常量最小,适用于探测脉冲和高频调制光。

3.2 光电探测器的前置放大

3.2.1 特点

光电探测器对于前置放大器的要求通常从两个方面考虑：一是要求探侧器—前置放大器功率传输最大，即放大器的输入电阻等于光电探测器内阻，工作于匹配状态，此时在一定的入射光功率情况下，从放大器输出端可得到最大输出电功率；二是要求光电探测器—前置放大器输出最小的噪声，即放大器工作在最佳源电阻 R_{sopt} 的情况下，此时在放大器输出端可得到最大的信噪比。而在实际的光电探测系统中，最佳源电阻与匹配电阻往往是不相等的，有的相差还很大，如何选择要视实际要求而定。

在设计前置放大器时，还需了解探测器的内阻，不同类型光电探测器的内阻相差很大。例如 Pv-HgCdTe，一般在几十欧至几千欧数量级，而硅光电二极管系列却为几十千欧至上百千欧，热释电探测器的内阻高达 10^{13} Ω 数量级。与之相应的有低输入阻抗、中输入阻抗和高输入阻抗的放大器，或电流型、电压型放大器，或阻抗变换器等。

根据阻抗匹配的反噪声要求，光电探测器常采用以下形式的前置放大电路。

1. 低输入阻抗前置放大器

低输入阻抗前置放大器可采用变压器耦合、晶体管共基极电路、并联负反馈及多个晶体管并联等作为放大器的输入级。

在变压器耦合中，改变匝数比可以改变变压器输出端电阻，以达到阻抗匹配和所需最佳源电阻要求。但是，它只适用于较窄的频带。

采用多个低噪声晶体管并联，可以减小放大器输入电阻，也可以达到阻抗匹配或最佳源电阻的要求。

2. 高输入阻抗前置放大器

对于阻抗持别高的光电探测器，必须采用场效应管作为第一级输入电路。场效应管是电压控制器件，它的栅—源、栅—漏电阻可高达 $10^8 \sim 10^{15}$ Ω，而栅—源电容与栅—漏电容一般为几皮法到几十皮法，所以输入阻抗较高。同时，场效应管噪声低，抗辐射能力强，具有零温度系数工作点，所以高输入阻抗放大器常采用场效应管。

3. 其它放大电路

对于具有恒流源特性的光电探测器，采用高阻负载将有利于获得大的信号电压，故希望采用高阻放大器。但高负载电阻与探测器分布电容和放大器输入电容将增加时间常量，影响系统的高频响应，并使其动态范围减小，通常采用互阻放大器或并联反馈放大器克服这一缺点，它是光纤系统中常采用的前级放大电路，如图 3-7 所示。它基本上是一个电流—电压变换器，在环路增益很大的情况下，输出电压与输入电流之间的关系为

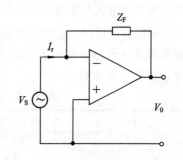

图 3-7 互阻放大器原理示意图

$$V_0 = -Z_F I_r \qquad (3-10)$$

式(3-10)中，Z_F 是从放大器的输出到输入的有效反馈阻抗。

3.2.2 低噪声放大

第一级低噪声前置放大器多选用分立元件，因为集成运算放大器的噪声一般比低噪声分立元件的噪声大。晶体管的选择是设计前置放大器的重要环节，通常根据光电探测器的阻抗来选择合适的晶体管。对于低噪声放大器，源电阻的大小是选择第一级放大元件的重要依据。如果源电阻 R_S 小于 100 Ω，可采用变压器耦合；源电阻 R_S 在 10 Ω～1 MΩ 之间，则多选用双极型晶体管作输入级；源电阻 R_S 在 1 kΩ～1 MΩ 之间，选用运算放大器；R_S 在 1 kΩ～1 GΩ 之间，多用结型场效应管（JFET）；当 R_S 超过 1 MΩ，可选用 MOS 型场效应管（MOSFET）。

合理设置晶体管的偏置是弱信号低噪声放大的重要问题。图 3-8 是常用的低噪声偏置电路。

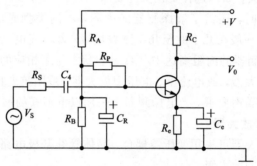

图 3-8 低噪声偏置电路

要得到低噪声前置放大器，必须选用噪声系数小的晶体管，同时还要使光电探测器的源电阻与晶体管的最佳源电阻 R_{sopt} 相等，以得到最小的噪声系数 F_{min}。但实际使用中，放大器晶体管的最佳源电阻 R_{sopt} 往往不会刚好等于光电探测器的源电阻，可以采用变压器匹配及并联来达到阻抗匹配的目的。此外，还要减少背景光、杂散光以及外界电磁场对光电探测器和前置放大器的影响。

当前也有较多的低噪声前放芯片，描述低噪声前放芯片噪声性能的参数有很多，但最重要的两个参数是：电压噪声和电流噪声。电压噪声是指在没有其它噪声干扰的情况下，放大器输入短路时出现在输入端的电压波动。电流噪声是指在没有其它噪声干扰的情况下，放大器输入开路时出现在输入端的电流波动。描述放大器噪声的典型指标是噪声密度，也称做点噪声。电压噪声密度单位为 $nV/\sqrt{Hz}$，电流噪声密度通常表示为 $pA/\sqrt{Hz}$。在低噪声放大器数据资料中可以找到这些参数，表 3-1 列出了一些常用的低噪声前放芯片及主要技术参数。

表 3-1 常用低噪声前置运放的主要技术参数

型号	电压噪声密度	电流噪声密度	基极输入偏置电流	整体性能
MAX410	$1.8\,\dfrac{nV}{\sqrt{Hz}}$	$1.2\,\dfrac{pA}{\sqrt{Hz}}$	80 nA	好
MAX4475	$4.5\,\dfrac{nV}{\sqrt{Hz}}$	$\dfrac{0.5fA}{\sqrt{Hz}}$	1 pA	非常好
LM6672	$3.1\,\dfrac{nV}{\sqrt{Hz}}$	$1.8\,\dfrac{pA}{\sqrt{Hz}}$	8 μA	较好

3.3　光电信号的调理

光电信号调理的任务是将经前置放大处理后的光电信号变换成便于与微型计算机接口的标准电信号。标准电信号可以是 ±10 V、±5 V、0～5 V 的直流电压，也可以是标准 TTL 电平的频率、脉冲和开关状态信号。

不同的光电传感器输出的光电信号的类型不同。对于连续的模拟光电信号，需进行将电流或电荷运转换为电压量，并经适当放大和滤波处理；对于交流信号的光电信号，若信号幅度反映了信息量，则可通过检波或整流变换电路，将其转换为直流信号，若信息反映在交流信号的频率变化中，则可将其整形为脉冲信号，若传感器本身是数字式传感器，则可输出开关量脉冲信号或已编码的数字信号，仅需进行脉冲整形、电平匹配或数码变换就可以。因此，光电信号调理线路基本上可分为放大、滤波、整形、检波、整流、鉴相、电平匹配和数码变换等几种。本节只讨论光电信号调理中的信号放大。

3.3.1　基本放大电路

1. 反相和同相放大器

反相和同相放大器分别如图 3-9(a)、3-9(b)所示。两种放大器的闭环增益 K_f、输入阻抗 Z_i，反相输入时：

$$K_f = -\frac{R_f}{R_s}, \ Z_i = R_s \tag{3-11}$$

同相输入时：

$$K_f = 1 + \frac{R_f}{R_s}, \ Z_i = \frac{KZ_{in}}{K_f} + R_p \tag{3-12}$$

其中 K 为运算放大器的开环增益，Z_{in} 为运算放大器的开环输入阻抗。与反相放大器相比，同相放大器的输入阻抗可以看作是无穷大。而输出阻抗与反相放大器相仿，非常小。

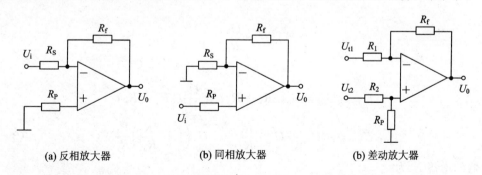

(a) 反相放大器　　　　(b) 同相放大器　　　　(b) 差动放大器

图 3-9　反相放大器、同相放大器和差动放大器

2. 差动放大器

如图 3-9(c)所示，差动放大器把两个输入信号分别输入到运算放大器的同相和反相输入端，然后在输出端取出两个信号的差模成分，而尽量抑制两个信号的共模成分。设作用于运算放大器两输入端的对地电压分别为 U_{i1}、U_{i2}，且选择 $R_1 = R_2$，$R_p = R_f$，则差动放

大器的输出电压 U_0 为

$$U_0 = \frac{R_f}{R_1}(U_{i2} - U_{i1}) \qquad (3-13)$$

即只对差模信号进行放大,并且理想运算放大器的差模输入电阻为无穷大。

3. 微电流放大器

在用光电池、光敏电阻作探测器件时,由于它们的输出电阻很高,可把它们看做电流源,通常情况下其光电流的数值是极小的,需要采用微电流放大器。用运算放大器构成的微电流放大器如图 3-10 所示。由图可知,输出电压 U_0 为

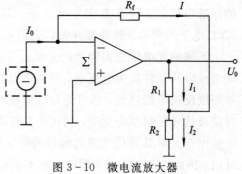

图 3-10 微电流放大器

$$U_0 = -I\left(R_1 + R_f + \frac{R_1 R_f}{R_2}\right) \qquad (3-14)$$

在式(3-14)中,在电路中,反馈电阻 R_f 不必取得很大,依靠选取 R_1/R_2 的比值就可获得相当于高值 R_f 的效果。

3.3.2 仪用数据放大器

在光电测量系统中,需要检测大量的电量或非电量信息,而且检测的电信号又非常的微弱,有的处在强噪声的背景下,属于微弱信号的检测。因此,对前置级获取信号的放大器,提出了如下要求:高输入阻抗、高共模抑制比、低漂移、低噪声、低输出电阻等参数要求,称此类放大器为仪用数据放大器。

1. 仪用数据放大器的基本构成

图 3-11 是典型的三运放仪用数据放大器。设 U_d 为输入的差模电压,U_c 为输入的共模电压,则由输入回路知

$$U_{AB} = U_d$$

故

$$i_0 = \frac{U_d}{R_g}$$

又

$$U_{01} - U_{02} = i_0(2R_s + R_g) = \frac{U_d}{R_g}(2R_s + R_g)$$

$$U_0 = -(U_{01} - U_{02})\frac{R_f}{R_1} = -U_d\left(1 + \frac{2R_s}{R_g}\right)\frac{R_f}{R_1} \qquad (3-15)$$

放大器的增益 K_f 为

$$K_f = \frac{U_0}{U_d} = -\left(1 + \frac{2R_s}{R_g}\right)\frac{R_f}{R_1} \qquad (3-16)$$

由式(3-16)可知,R_g 作为增益调节电阻。只要改变 R_g 的值,便能连续改变增益,且不破坏电路原有的共模抑制比。

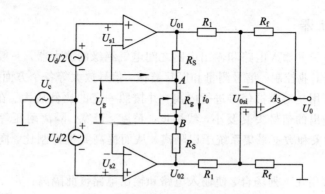

图 3 - 11　仪用数据放大器电路

2. 仪用程控增益放大器

在数据采集系统中，需要有多通道或多个参数共用一个测量放大器。如有一个四通道的数据采集系统，四个通道的信号各不相同，分别为微压、几十微压、毫压、伏的数量级，要放大到 A/D 转换器标准的输入电压大小。因此，计算机在选定通道号的同时，也应选定对应通道的增益要求，以实现自动增益控制和自动量程切换的测量要求，所以，仪用程控增益放大器在电子测量和智能化仪器仪表中得到广泛应用。

可编程放大器种类很多，有单运放、多运放和仪用程控放大器等，又可分模拟式和数字式等。可编程放大器的基本结构如图 3 - 12 所示，其特点为高速、高精度数字程控仪用放大器。增益精度为 0.05%，非线性度为 0.01%，增益漂移为 $1\times10^{-6}/℃$，输入阻抗为 10^{11} Ω。

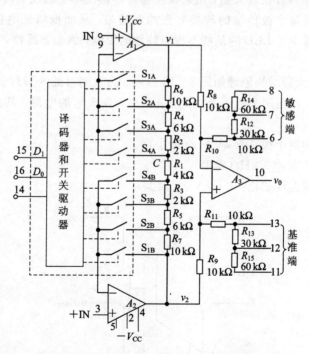

图 3 - 12　LH0084 可编程放大器内部结构

3.3.3 隔离放大器

隔离放大器是一种输入电路和输出电路之间电气绝缘的放大器，一般采用变压器或光耦合传递信号，在工业控制、信号测量和医疗器械，信号放大等各个方面获得广泛应用。

隔离放大器作用是对模拟信号进行隔离，并按照一定的比例放大。在这个隔离、放大的过程中要保证输出的信号失真要小，线性度、精度、带宽、隔离耐压等参数都要达到使用要求。对被测对象和数据采集系统予以隔离，从而提高共模抑制比，同时保护电子仪器设备和人身安全。

隔离放大器常用在下列场合，使输入电路和输出电路彼此隔离：

（1）测量处于高共模电压下的低电平信号；

（2）消除由于信号源地网络的干扰（如大电流的跳变）而引起的测量误差；

（3）保护应用系统电路，不会因输入端或输出端大的共模电压而造成损坏；

（4）对医疗仪器为病人提供安全接口。

ISO130 是 E-B 公司推出的一种小型、廉价的光耦隔离放大器。ISO130 使用一个高速 A1GaAs 发光二极管（LED），使信号以数字形式通过光隔离层。它的其余部分由 1 μm COMS IC 工艺组装而成，片内含有一个 A/D 转换器、一个削波器漂移补偿放大器和差分输入输出电路。输入信号通过一个 A/D 转换器后变成一个时间平均的串行使序列，这组数字信号再以光电形式通过隔离层。输出部分得到数字信号，并把它转换成模拟电压，这个电压再通过滤波器产生最后的输出信号。

内部的削波器漂移补偿放大器，用来保持器件的精度不受温度和时间影响。编码电路发出一个脉冲，作为每个被传输的转换数据的起始端，从而抵消光电传输数据的脉宽失真。这种编码设计减少了 LED 的某些不理想特性的影响，例如非线性、随时间、温度变化发生的漂移等。

ISO130 隔离放大器结构原理如图 3-13 所示。为双列直插 8 脚封装，使用 ISO130 时不需任何外围器件，使用两个电压范围为 +4.5～+5.5 V 的电源。其主要性能指标特点如下。

（1）高隔离度抑制干扰：10 kV/μs（最小）

（2）大的信号带宽：85 kHz（典型）

（3）失调电压随温度变化：4.6 μV/C（典型）

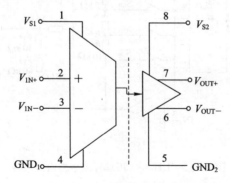

图 3-13　ISO130 隔离放大器结构框图

（4）失调电压：1.8 mV（典型）

（5）非线性：0.25%（最大）

（6）差分输入、差分输出

3.4　信号的量化

传感器输出信号经调理后变成连续的模拟量，为了将模拟量输入到微型计算机，必须将信号转换成数字量。这一转换过程借助 A/D 转换器来完成。本节将讨论 A/D 转换器的特性及其与微型计算机的接口方法。

3.4.1　各类 ADC 芯片的性能分析与比较

1. 逐次比较式 ADC

逐次比较式 A/D 在数据采集系统中应用最为广泛。它易于获得较高的转换速度，高分辨率及较高的精度，也易于和微机接口。

逐次比较式 ADC 及其工作的量化过程类似于用"天平"称重物。逐次比较式 A/D 转换器具有一套按二进制比率的精确"砝码"权值等基准电压、一个精密的电压比较器和逐次逼近寄存器及逻辑电路。其内部框图如图 3-14 所示。当未知电压 U_X 输入后，使 START=1，启动 A/D 转换，随即芯片输出 $\overline{\text{BUSY}}$ 状态信号，表示 ADC 正在转换。ADC 转换时，先使最高位数字 $D_{N-1}=1$，经片内的数模转换环节（DAC）转换成对应为整个量程一半的权值基准电压 U_A，并与输入电压 U_s 相比较，若 $U_s > U_A$，则保留此位；若 $U_X > U_A$，则此位清零。然后令下一位数字为 1，即 $D_{N-2}=1$，与上一次结果一起经 DAC 转换成 U_A，并与 U_X 相比较，重复进行二进制各位的搜索比较，直到确定最低位 D_0 后，给出忙状态 $\overline{\text{BUSY}}$ 结束信号，允许输出转换结果。

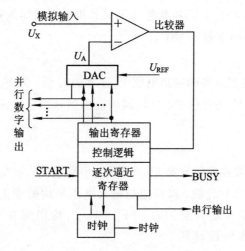

图 3-14　逐次比较式 ADC 原理图

假定逐次比较式 ADC 的分辨率为 N，N 就代表了被比较的次数，故逐次比较式 ADC 的转换时间 t_{CONV} 为

$$t_{\text{CONV}} = t_0 + NT_{\text{CP}} \tag{3-17}$$

其中，t_0 为转换前后所需要的控制及动作时间；T_{CP} 为时钟周期，NT_{CP} 为 N 位转换所需的时间。例如，时钟周期 T_{CP} 为 $2\ \mu s$，$N=12$ 位，则 t_{CONV} 约为 $25\ \mu s$。故 ADC 的转换速度取决于可能被选择的最高时钟频率，而时钟频率的最高值受 DAC 输出达到稳定所需时间、电压比较器响应时间，以及逐次逼近寄存器的动作时间等的限制。逐次逼近 ADC 的精度则主要由片内 DAC、电压比较器及参考电源的精度决定。

2. 双积分式 ADC

双积分式 ADC 转换原理图如图 3-15 所示，主要由积分器、过零比较器、计数器和定时器、脉冲控制门这几部分构成。

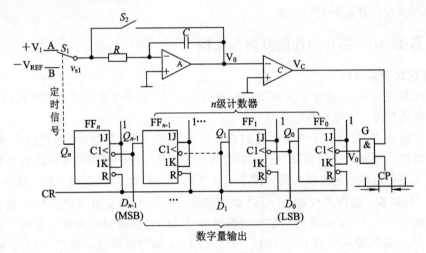

图 3-15　双积分式 A/D 转换器

1）积分器

积分器是转换器的核心部分，它的输入端所接开关 S_1 由定时信号 Q_n 控制。当 Q_n 为不同电平时，极性相反的输入电压 V_1 和参考电压 V_{REF} 将分别加到积分器的输入端，进行两次方向相反的积分，积分时间常数 $\tau=RC$。

2）过零比较器

过零比较器用来确定积分器的输出电压 V_0 过零的时刻。当 $V_0 \geqslant 0$ 时，比较器输出 V_C 为低电平；当 $V_0 < 0$ 时，V_C 为高电平。比较器的输出信号接至时钟控制门 G 作为关门和开门信号。

3）计数器和定时器

它由 $n+1$ 个接成计数器的触发器 $FF_0 \sim FF_{n-1}$ 串联组成。触发器 $FF_0 \sim FF_{n-1}$ 组成 n 级计数器，对输入时钟脉冲 CP 计数，以便把与输入电压平均值成正比的时间间隔转变成数字信号输出。当计数到 2^n 个时钟脉冲时，$FF_0 \sim FF_{n-1}$ 均回到 0 态，而 FF_n 翻转到 1 态，$Q_n=1$ 后开关 S_1 从位置 A 转接到 B。

4）时钟脉冲控制门

时钟脉冲源标准周期 T_c，作为测量时间间隔的标准时间。当 $V_C=1$ 时，门打开，时钟脉冲通过门加到触发器 FF_0 的输入端。

双积分 ADC 的基本原理是对输入模拟电压和参考电压分别进行两次积分，将输入电压的平均值变成与之成正比的时间间隔，然后利用时钟脉冲和计数器测出此时间间隔，进而得到相应的数字量输出。由于该转换电路是对输入电压的平均值进行变换，所以它具有很强的抗工频干扰能力，在数字测量中得到广泛应用。

下面以输入正极性的直流电压 V_1 为例，说明电路将模拟电压转换为数字量的基本原理。电路工作过程分为以下几个阶段进行，各处的工作波形如图 3-16 所示。

1）准备阶段

首先控制电路提供 CR 信号使计数器清零，同时使开关 S_2 闭合，待积分电容放电完毕后，再使 S_2 断开。

2）第一次积分阶段

在转换过程开始时（$t=0$），开关 S_1 与 A 端接通，正的输入电压 V_1 加到积分器的输入端。积分器从 0 开始对 V_1 积分，其波形如图 3-16 斜线 $0 \sim V_P$ 段所示。根据积分器的原理可得

$$v_0 = -\frac{1}{\tau}\int_0^T v_1 \, dt \quad (\text{其中 } \tau = RC)$$

$$(3-18)$$

由于 $v_0 < 0$，过零比较器输出为高电平，时钟控制门 G 被打开。于是，计数器在 CP 作用下从 0 开始计数。经 2^n 个时钟脉冲后，触发器 $FF_0 \sim FF_{n-1}$ 都翻转到 0 态，而 $Q_n = 1$，开关 S_1 由 A 点转接到 B 点，第一次积分结束，第一次积分时间为 $t = T_1 = 2^n T_c$，令 V_1 为输入电压在 T_1 时间间隔内的平均值，则由式（3-18）可得第一次积分结束时积分器的输出电压 V_P

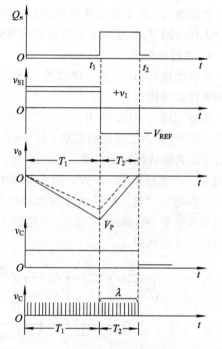

图 3-16　双积分 A/D 转换器各处工作波形

$$V_P = -\frac{T_1}{\tau} V_1 = -\frac{2^n T_c}{\tau} V_1 \qquad (3-19)$$

3. 第二次积分阶段

当 $t = t_1$ 时，S_1 转接到 B 点，具有与 v_1 相反极性的基准电压 $-V_{REF}$ 加到积分器的输入端；积分器开始向相反方向进行第二次积分；当 $t = t_2$ 时，积分器输出电压 $v_0 \geqslant 0$，比较器输出 $v_C = 0$，时钟脉冲控制门 G 被关闭，计数停止。在此阶段结束时 v_0 的表达式可写为

$$v_0(t_2) = V_p - \frac{1}{\tau}\int_{t_1}^{t_2}(-V_{REF}) \, dt = 0 \qquad (3-20)$$

设 $T_2 = t_2 - t_1$，于是有 $\dfrac{V_{REF} T_2}{\tau} = \dfrac{2^n T_c}{\tau} V_1$，设在此期间计数器所累计的时钟脉冲个数为 λ，则 $T_2 = \lambda T_c$，同时 T_2 有

$$T_2 = \frac{2^n T_c}{V_{REF}} V_1 \qquad (3-21)$$

可见，T_2 与 V_1 成正比，T_2 就是双积分 A/D 转换过程中的中间变量。

式(3-21)表明，在计数器中所得的数 $\lambda(\lambda=Q_{n-1}\cdots Q_1 Q_0)$，与在取样时间 T_1 内输入电压的平均值 V_1 成正比。只要 $V_1 < V_{REF}$，转换器就能正常地将输入模拟电压转换为数字量，并能从计数器读取转换的结果。如果取 $V_{REF}=2^n \mathrm{V}$，则 $\lambda=V_1$，计数器所计的数在数值上就等于被测电压。

由于双积分 A/D 转换器在时间内采用的是输入电压的平均值，因此具有很强的抗工频干扰的能力。由于在工业系统中经常碰到的是工频(50 Hz)或工频的倍频干扰，故通常选定采样时间 T_1 总是等于工频电源周期的倍数，如 20 ms 或 40 ms 等。

4. 并行比较式 ADC

并行比较式 ADC 是一种快速 ADC，其转换速度可达几纳秒到几百纳秒，但要实现高分辨率却比较困难。

并行比较式 ADC 使用 2^n-1 个电压比较器，位输入电压同时与 2^n-1 个参考电压进行比较。其中，n 为二进制的位数，如 $n=8$，则需用 255 个参考电压和比较器，同时与对应的 U_x 比较，再经译码输出。图 3-17 示出了一个 $n=3$ 的并行转换原理电路，模拟被测电压 U_x 接在 7 个比较器的"＋"端，而参考电压按二进制比例分出了 7 级，用分压器分别接入 7 个比较器的"－"端，若 U_x 大于被比较的参考电压，比较器输出为"1"电平，若 U_x 低于被比较的参考电平，则输出"0"电平。7 路输出经寄存器送到二进制译码电路后，输出与 U_x 对应的三位二进制代码。

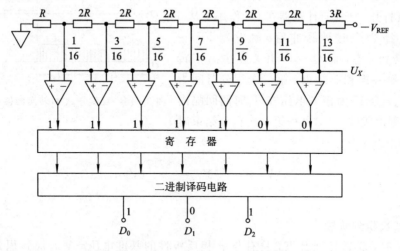

图 3-17　三位并行 ADC 原理图

由于并行转换器是一次性转换，转换时间仅受限于比较器和译码逻辑的传输延时时间，显然采用高速比较器可以提高转换速度。但是若需分辨率高，则电路的器件增多，因此并行 ADC 所需的造价很高。

3.4.2　A/D 转换器与微型机接口

1. 接口原则

1）数据输出接口

芯片数据输出接口方式取决于芯片内部数据输出的硬件结构。具体来说，一般有下列三种情况：第一种情况是芯片数据输出端带有三态逻辑控制的缓冲器，并在芯片外有三态控制端。这类芯片的数据输出线可直接接在微型机的数据总线上，如 ADC0809、AD7574 等。第二种情况是 ADC 芯片数据输出端没有带三态缓冲输出结构。或虽带有三态缓冲器，但三态门的状态由芯片内部时序控制，即外部无法控制，如果此时时序不能与微型机配合，则不能与微型机总线直接相连，必须通过 I/O 端口转接，加 AD570、AD571、ADC572 等。第三种情况是 ADC 芯片内带有三态逻辑电路，对外没有控制端，仍由内部逻辑控制电路控制数据输出时间，但内部控制的时序能与微型机数据总线的时序配合，无需外部接口电路就可以直接与微型机的数据总线相连，如 AD574 等。

2）ADC 芯片与微型机接口中的时序配合

时序配合主要归结为：① 由微型机发出芯片所要求的启动转换信号；② 由微机给出 ADC 芯片与总线是否连通的片选信号或地址有效信号，如 $\overline{CS}$ 或 ALE 等；③ ADC 芯片转换状态信号如 EOC、$\overline{BUSY}$ 或 SYS 等，可作为微机查询或中断信号；④ 由微机发出读数据信号；⑤ 转换时钟信号。

提供上述几种控制信号的方法可以有多种，只要能满足 ADC 芯片工作的时序要求，接口线路就是正确可行的。

3）ADC 数据输入方式

微型机在 ADC 转换结束后，读取转换数据的方式有延时等待、查询、中断及 DMA 方式。

（1）延时等待方式：利用软件延时 ADC 转换一次的时间后，再读取数据。

（2）查询方式：将 ADC 芯片的转换状态信号送入微型机的 I/O 端口、程序中查询这一位的状态。收到正确的状态或状态变化后，读取 ADC 转换结果。

（3）中断方式：将 ADC 芯片的转换状态信号作为微型机外部中断请求信号。ADC 转换结束，发出中断请求，微机响应中断后读取转换结果。

（4）DMA 方式：主要用于芯片转换速度高于 CPU 数据传送速度的场合。此时，可以不通过 CPU，直接在 ADC 和微机的 RAM 之间进行数据传送，即 DMA 方式。

2. ADC0816 与微机接口实例

ADC0816 是 16 通道的 8 位逐次比较式 ADC 器件，其内部主要部分是一个 8 位逐次比较式 A/D 转换器。为了实现 16 路模拟信号的分时采集，片内设置了 16 路选通开关以及相应的通道地址锁存及译码电路。转换后的数据送入三态输出数据锁存器，数据输出受外部触发信号的控制。

ADC0816 主要特性有：分辨率 8 位；转换精度 ±1/2LSB；转换时间取决于时钟频率，典型值为 100 μs（时钟频率为 640 kHz）；单 +5 V 电源工作；输入电压范围 0～5 V。

ADC0816 是与微处理机兼容设计的芯片，可与 8031 直接接口。ALE 端与 START 相连，用 P2.7 启动 A/D 转换和读取转换结果，同时 P2.7 与 WR 信号配合将 P0.0～P0.3 提供的 4 位地址锁存译码、选通某一通道。转换结束时 EOC 输出高电平，可作为中断请求或查询信号，如果作为中断请求信号，信号要经反相器接 INT0 或 INT1。

图 3-18 是 ADC0816 与单片机 8031 的接口电路原理图。其中，IN0～IN15 输入通道地址依次为 7FF0H～7FFFH。

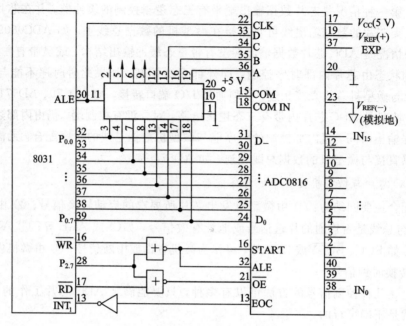

图 3-18　ADC0816 与 8031 接口

3.5　模拟量数据采集系统的设计

设计采集系统,首先要了解信号源的情况。例如,要求检测的模拟量有多少个、信号的变化范围、要求的分辨率、信号变化的速度或频率、信号源所处的现场条件、干扰的大小、共模电压的高低、信号的类型等。其次,要了解对采集系统性能的要求,如采集精度、采集速度和抗干扰能力等。

3.5.1　模拟量采集系统组成

图 3-19 是一个典型的单通道模拟量采集系统。传感器一般通过屏蔽电缆与测试系统相连,或经预处理(虚线框所示)之后与测试系统相连。其中,滤波环节根据系统存在干扰及信号频谱的情况,作频带宽度的压缩,以便采样频率的选取。

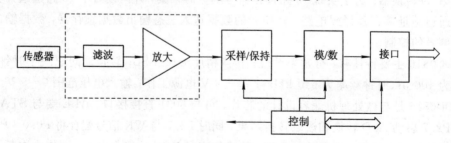

图 3-19　单通道模拟量采集通道框图

实际的数据采集系统,由于需要检测多个物理参数,常使用多路模拟开关,采用巡回检测方式,定时扫描接通各检测通道。多路模拟开关可以插到信号预处理与采样之间,以共享采样保持、ADC 及微机检测系统，如图 3 - 20 所示。

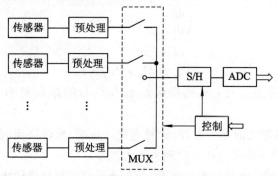

图 3 - 20 多路数据采集通道框图

有时也可根据被处理信号的不同情况，插到数据采集通道的其它各个不同部位，如放大之前(此时放大采用可变增益的程控放大器)、采样保持之前或 ADC 之前均可。多路模拟开关处在系统比较前面的部位，则各路信号可以共享的检测电路较多，比较经济。

3.5.2 数据采集的应用问题

1. 采集速度

由奈奎斯特采样定理，在理想的数据采样系统中，为了使采样输出信号能无失真地复现原输入信号，必须使采样频率至少为输入信号最高有效频率的两倍，否则会出现频率混叠现象。因此、信息无损失地复现采样数据，要求在数据带宽的每个周期内至少采样两次。实际使用中，为了保证数据采集精度，增加每个周期的采样数，通常根据数据带宽，在最高频率每周期采样 7～10 次，即 $f_S = (7～10) f_{max}$。

2. 孔径误差及解决办法

模拟量转换成数字量有一个过程，对于一个动态模拟信号，在模/数转换器接通的孔径时间里，输入的模拟信号值是不确定的，从而引起输出的不确定误差。假设输入信号为一频率为 f 的正弦信号 $V = V_m \sin 2\pi ft$，如图 3 - 21 所示。

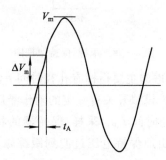

图 3 - 21 孔径误差

由图 3 - 21 可明显看出，孔径误差一定出现在信号斜率最大处。设模/数转换的孔径时间为 t_A，则：

$$\frac{dv}{dt} = V_m \cdot 2\pi f \cos 2\pi ft \qquad (3 - 22)$$

则

$$\left(\frac{\mathrm{d}v}{\mathrm{d}t}\right)_{\max} = V_{\mathrm{m}} \cdot 2\pi f \qquad (3-23)$$

故最大孔径误差为

$$\Delta V_{\mathrm{m}} = V_{\mathrm{m}} \cdot 2\pi f \cdot t_{\mathrm{A}} \qquad (3-24)$$

可见，对于某个动态信号，其孔径误差 ξ_{V} 与信号的最高频率 f 和系统的孔径时间有关。

如果在模/数转换器之前加一采样/保持电路，在模/数转换期间将变化的信号"冻结"起来而保持不变，这样，采样的孔径时间将大大减少。

采样/保持器是在输入逻辑电平控制下，可处于采样或保持两种状态的器件。在采样状态下，电路的输出跟踪输入模拟电压信号；转为保持状态时，电路输出保持前一次采样结束时刻的模拟输入信号，直到进入下一次采样状态为止。模拟数据采集系统中是否使用采样/保持器取决于输入信号的频率。对于快速过程信号，当最大孔径误差超过允许值时，必须在 A/D 转换之前加采样/保持器。对于一般过程的输入信号，常常不使用采样/保持器。

最基本的采样/保持器由模拟开关 S、保持电容 C_{H} 和缓冲放大器组成，如图 3-22(a) 所示。当控制信号 V_{C} 为采样电平时、S 导通、保持电容充电，这时，输出电压 V_0 跟踪输入信号变化；当控制信号 V_{C} 为保持电平时，S 断开，输出电压保持在模拟开关断开瞬间的输入信号值，如图 3-22(b) 所示。

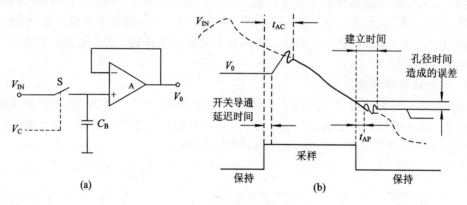

图 3-22 采样-保持原理图

选用采样/保持器时需要考虑的主要指标有孔径时间 t_{AP}、捕捉时间 t_{AC}、保持电压的变化率等。在采样/保持器中，由于模拟开关有一定的动作滞后，在保持命令发出直到模拟开关完全断开所需的时间称为孔径时间 t_{AP}。采样/保持器的状态控制信号 V_{C} 由保持电平变为采样电平后，其输出电压 V_0 由原保持电压过渡到跟踪输入电压变化的时间称为捕捉时间 t_{AC}。

3. ADC 分辨率及信号放大倍数的确定

例：用热电偶传感器来检测一物体温度，被测的温度范围为 $0\sim400\ ^{\circ}\mathrm{C}$、要求分辨出 $0.1\ ^{\circ}\mathrm{C}$ 的温度变化，而检测温度的精确度为 $\pm0.1\%$（折合成绝对误差 $\pm0.4\ ^{\circ}\mathrm{C}$）。当温度在 $0\sim400\ ^{\circ}\mathrm{C}$ 范围内变化时，可测得传感器的输出电压在 $0\sim20\ \mathrm{mV}$ 之间变化。首先需根据温度测量范围及温度分辨率的要求，求出通道中 ADC 芯片的分辨率及信号调理放大倍数 K。

采集通道中放大器的放大倍数 K 为

$$K = \frac{\text{ADC 满刻度电压}}{\text{信号最大值}} \qquad (3-25)$$

测温范围 $0\sim400$ 所对应的最高输入信号 u_i 为 20 mV，若 ADC 的满度电压值选为 10 V。则 $K=500$。

ADC 芯片的位数 N 根据下式计算

$$N \geqslant \ln\left(1 + \frac{U_{x\max}}{U_{x\min}}\right) \qquad (3-26)$$

式(3-26)中，$U_{x\max}$ 为 ADC 芯片的满度输入电压；$U_{x\min}$ 为 ADC 芯片最小能分辨出的电压，它由给出的温度分辨率决定。现要求能分辨出 0.1℃ 的温度变化，对应于热电偶传感器产生 5 μV 的电压变化，此电压经 500 倍的电压放大后可求得 $U_{x\min}$ 为

$$U_{x\min} = 5 \times 500 \times 10^{-3} = 2.5 \text{ mV} \qquad (3-27)$$

将 $U_{x\max}$ 与 $U_{x\min}$ 值代入式(3-26)，即可求得

$$N \geqslant \ln(1 + 4000) = 11.9 \qquad (3-28)$$

所以，选择 $N=12$ 位的 ADC 芯片即可满足分辨中的要求。此时 ADC 芯片一个数字的当量值是 2.44 mV，小于 2.5 mV，故可以满足分辨率的要求。

4. 精度分配

精度分配是指将系统总体精度分配给各个环节。首先应根据所选各电路环节可能达到的精度范围作精度分配，然后再核对合成精度，看其能否达到总体精度的要求。求合成精度，也就是求系统不确定性误差的合成，通常采用均方根合成法，即

$$e_s = \pm\sqrt{|e_1|^2 + |e_2|^2 + \cdots + |e_n|^2} \qquad (3-29)$$

第4章 锁相放大器

锁相放大器是用于进行微弱信号检测的重要仪器，其中的微弱信号（weak signal）是指被噪声淹没的信号，而在光电测量中传感器输出的信号经常为被噪声淹没的信号，因此是常用的光电测量仪器。

当被探测的信号被噪声所淹没时，如果直接通过放大，则噪声也被放大，到后级可能根本检测不出被测信号，如何降低噪声，提高信噪比是微弱信号检测技术要解决的问题。为了提高信噪比以检测出深埋在噪声中的有用信号，使用的检测方法和仪器有

（1）相干检测。根据周期信号与噪声干扰自相关函数特性的不同，用相关器可在噪声干扰中检测出微弱的周期信号。这种检测方法，既利用了信号的频率特征，也利用了信号的相位特征，即使有用信号埋在比自己大百万倍的噪声信号中也可用这种方法检测出来。基于这一原理的主要仪器有锁相放大器。

（2）移动平均及数字滤波。$\sqrt{m}$ 法则指出：对于伴随有噪声的重复信号，若在其观测期间对信号重复 m 次取样和积累，则信号得到增强，噪声被抑制，结果信噪比增大 $\sqrt{m}$ 倍。

根据取样定理和 $\sqrt{m}$ 法则，我们可以将被测信号按时间坐标分为几个间隔，顺次进行重复取样和积累平均，取样间隔越小，信号再现越准确；平均次数越多，信噪比改善越大，此法称为移动平均。根据这种原理制成的平均器称为取样平均器。

若对信号进行取样，则可得到离散信号。取样间隔 T 确定后，信号的有效带宽也就被限制在 $[-1/2T, 1/2T]$ 之内，设计频谱范围在 $[-1/2T, 1/2T]$ 之间的数字滤波器，可有效地滤除噪声频谱成分。当前，在数字技术和微计算机技术渗入的信号检测仪器里多采用数字滤波。

（3）相关检测。相关函数是用来测定两个信号在时域内的相似性的，用这种方法实现的仪器称为相关仪。相关仪是常见检漏仪器中的高档产品，它具有测试速度快、精度高、不受埋深影响等特点。一套完整的相关仪至少包括一台主机、两个高灵敏度震动传感器、两个无线电发射机和一副耳机。

（4）概率密度函数测量。如果被测光极微弱，例如 10^{-14} W（约每秒一万个光子的光子流）以下的可见光，则入射到探测器上的这种光束可看做是一个个光子的光子流。这时，可利用限定能量的窗口来消除大于或小于被测光子脉冲能量的背景噪声，并通过计数方法测出单位时间入射光子的数量（即光强）。当然，这种方法也可测量其它弱粒子（如电子、离子等）的数量，用这种方法制成的测量设备称为光子计数器。

4.1 锁相放大器的原理

锁相放大器（Lock In Amplifier），简称 LIA。它是一个以相敏检测器为核心的微弱信

号检测仪器，被用于检测很小的 AC 信号，能用于准确测量被噪声所淹没的微弱信号。它能在强噪声情况下检测出微弱正弦信号的幅度和相位。

锁相放大器抑制噪声利用了三个关键技术：

(1) 继承了调制放大器的原理。用调制器将直流或慢变信号的频谱迁移到调制频率 ω_0 处，再进行放大，从而避开了 $1/f$ 低频噪声的影响。

(2) 利用相敏检测器实现对调制信号的解调。可以同时利用频率 ω_0 和相角 θ 进行检测，而噪声与信号同频又同相的概率很低。

(3) 用低通滤波器而不用带通滤波器来抑制宽带噪声。低通滤波器的频带可以做得很窄，而且其频带宽度不受调制频度的影响，稳定性也远远优于带通滤波器。

可见，锁相放大器继承了调制放大器使用交流放大而不使用直流放大的原理，从而避开了幅度较大的 $1/f$ 噪声；同时又用相敏检测器实现解调，用稳定性更高的低通滤波器取代带通滤波器实现窄带化过程，从而使检测系统的性能大为改善。

锁相放大器能做到中心频率为 10 kHz，带宽为 0.01 Hz 的滤波器，而 Q 值能达到 10^6，远远地超出了电容滤波器的能力。整体增益可以高达 10^{11} 以上，例如：一个 0.1 nV 的电压信号可被放大到 10 V 以上。此外，锁相放大器可以实现正交的矢量测量，有助于对被测信号进行矢量分析，以确定被测系统的动态特性。

现行锁相放大器规格型号很多，可分为单相和双相两种。在单相锁定放大器中，输入信号和输出直流电压之间的关系由式 $V_0(t) = Ke_s\cos\varphi$ 决定，其中 φ 为相角，e_s 为被测信号幅值。它说明单相锁相放大器只能静态测量振幅和相位，而不能同时进行振幅和相位的动态测量。为了能动态地测量振幅和相位，七十年代后期发展了双相锁相放大器。

4.1.1　单相锁相放大器的基本组成

锁相放大器的基本结构框图如图 4-1 所示。它由四个主要部分组成：信号通道、参考通道、相关器（即相关检测器）和直流放大器。

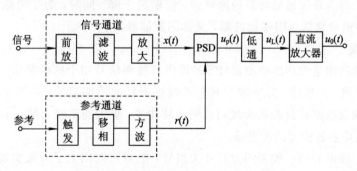

图 4-1　锁定放大器的基本结构框图

1. 信号通道

信号通道用于对输入的调制正弦信号进行交流放大，将微弱信号放大到足以推动相敏检测器工作的电平，并且要滤除部分干扰和噪声，以提高相敏检测的动态范围，它主要包括低噪声前置放大器、带通滤波器及可变增益交流放大器。

前置放大器用于对微弱信号的放大，主要特点是低噪声及一定的增益（100～

1000 倍)。

可变增益交流放大器是信号放大的主要部件,它有很宽的增益调节范围,以适应不同输入信号的需要。例如,当输入信号幅度为 10 nV,而输出电表的满刻度为 10 V 时,则仪器的总增益为 10 V/10 nV＝10^9,若直流放大器增益为 10 倍,前放增益为 10^3,则交流放大器的增益为 10^5。

带通滤波器是任何一个锁相放大器中必须设置的部件,它的作用是对混在信号中的噪声进行预滤波,尽量排除带外噪声。这样不仅可以避免 PSD 过载,而且可以进一步增加 PSD 输出信噪比,以确保微弱信号的精确测量。锁相放大器中常用的带通滤波器为采用低通滤波器和高通滤波器组合而成的带通滤波器,如图 4-2 所示。

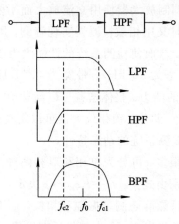

图 4-2　高低通滤波器原理

锁相放大器中的滤波器的中心频率 f_0 及带宽 B 由高低滤波器的截止频率 f_{c1} 和 f_{c2} 决定。锁定放大器中一般高低滤波器的截止频率 f_{c1} 和 f_{c2} 都可调,从而可以根据被测信号的频率来选择合适的 f_0 及带宽 B。但是带通滤波器带宽不能过窄,否则,由于温度、电源电压波动使信号频谱离开带通滤波器的通频带,使输出下降。同时,为了消除电源 50 Hz 的干扰,在信号通道中常插入阻带滤波器,又称陷波滤波器。

2. 参考通道

参考通道的功能是为相敏检测器(PSD)提供与被测信号相干的控制信号。参考输入可以是正弦波、方波、三角波、脉冲波和其它不规则形状的周期信号,其频率为信号通道载波频率 ω_0,由触发电路将其变换为规则的同步脉冲波。参考通道输入端一般都包括放大或衰减电路,以适应各种幅度的参考输入。

参考通道的输出 $r(t)$ 一般采用方波开关信号,然后可以用电子开关实现相敏检测。这种方波应是一个具有正负半周之比为 1∶1,频率为 ω_0 的方波。在高频情况下,方波的上升时间和下降时间可能影响方波的对称性,从而成为限制整个锁相放大器频率特性的主要因素。

移相电路是参考通道中的主要部件,它可以实现按级跳变的相移(90°、180°、270°等)和连续可调的相移(0~100°),以实现开关方波的相位能在 0°~360°之间任意移动,从而保证输出信号 U_0 能达到正或负的最大。移相电路可以是模拟门积分比较器,也可以用锁相环

(PLL)实现，或用集成化的数字式鉴相器、环路滤波和压控振荡器(VCO)组成。

3. 相关器

相关器基本结构如图 4-3 所示，它是锁定放大器的心脏。

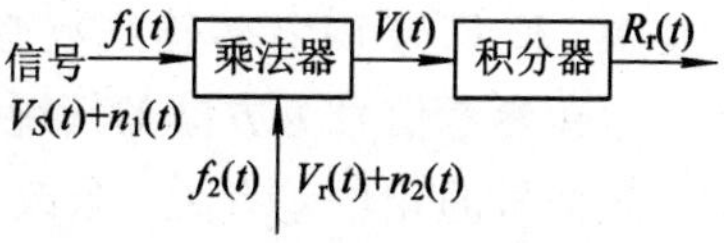

信号 $f_1(t)$ → 乘法器 $V(t)$ → 积分器 $R_t(t)$

$V_s(t)+n_1(t)$

$f_2(t)$ ｜ $V_r(t)+n_2(t)$

图 4-3 相关器基本结构框图

通常相关器由乘法器和积分器构成。乘法器有两种：一种是模拟乘法器，另一种是开关式乘法器，常采用方波作参考信号；而积分器通常由 RC 低通滤波器构成。

现设两个信号均为正弦波：

待测信号为 $\qquad V_s(t) = e_s\cos\omega t$

参考信号为 $\qquad V_r(t-\tau) = e_r\cos[(\omega+\Delta\omega)t+\varphi]$

在上式中 τ 为两个信号的延迟时间，它们进入乘法器后变换输出为 $V(t)$

$$V(t) = V_s(t) \cdot V_r(t-\tau) = e_s e_r\cos[(\omega+\Delta\omega)t+\varphi] \cdot \cos\omega t$$

$$= \frac{1}{2}e_s e_r\{\cos(\Delta\omega t+\varphi) + \cos[(2\omega+\Delta\omega)t+\varphi]\} \qquad (4-1)$$

即由原来以 ω 为中心频率的频谱变换成以差频 $\Delta\omega$ 及和频 2ω 为中心的两个频谱，通过低通滤波器(LPF)后，和频信号被滤去，于是经 LPF 输出的信号为

$$V_0(t) = Ke_s e_r\cos(\Delta\omega t+\varphi) \qquad (4-2)$$

若两信号频率相同(这符合大多数实验条件)，则 $\Delta\omega = 0$，式(4-2)变为

$$V_0(t) = Ke_s e_r\cos\varphi \qquad (4-3)$$

其中，K 是与低通滤波器的传输系数有关的常数。

式(4-3)表明，若两个相关信号为同频正弦波时，经相关检测后，其相关函数与两信号幅度的乘积成正比，同时与它们之间位相差的余弦成正比，特别是当待测信号和参考信号同频同位相，即 $\Delta\omega = 0$，$\varphi = 0$ 时，输出最大，即

$$V_{om} = Ke_s e_r \qquad (4-4)$$

可见，参考信号也参与了输出。模拟乘法器组成的相关器虽然简单，但它存在一系列缺陷，对参考信号的稳定性要求极高；对存在于待测信号和参考信号中的各高次谐波分量，以及低次谐波分量等均有一定的响应。更严重的是，电路利用器件的非线性特性进行相乘运算，造成对输入信号中的各种分量及噪声进行检波而得到的直流输出，形成输出噪声，以至于把微弱信号检出量淹没。基于上述原因，现行的设备中常采用开关式乘法器构成。

开关式乘法器构成相敏检波器(PSD)。相关器由相敏检波器与低通滤波器组成。此时待测信号 $V_s(t)$ 为正弦信号，参考信号 $V_r(t)$ 为方波信号。

$$V_s(t) = e_s\cos\omega_s t$$

$$V_r(t-\tau) = \frac{4}{\pi}\left[\cos(\omega_r t+\varphi) - \frac{1}{3}\cos3(\omega_r t+\varphi) + \frac{1}{5}\cos5(\omega_r t+\varphi) - \cdots\cdots\right] \qquad (4-5)$$

$$V_s(t) \cdot V_r(t-\tau) = \frac{4}{\pi}e_s\{\cos[(\omega_r\pm\omega_s)t+\varphi] - \frac{1}{3}\cos[3(\omega_r\pm\omega_s)t+\varphi]$$

$$+ \frac{1}{5}\cos[5(\omega_r\pm\omega_s)t+\varphi] - \cdots\cdots\}$$

当待测信号频率和参考信号基波频率相同时，即 $\omega_r = \omega_s$，LPS 的输出为

$$V_0(t) = K \cdot e_s \cos\varphi \qquad (4-6)$$

其中，K 只与 LPF 传输系数有关，而与参考信号幅度无关的电路常数。

在参考信号为方波的情况下，经相关检测后，其输出不仅与待测信号的幅度有关，也与两信号的相位差有关。当改变参考信号相位 φ 时，可以得到不同的输出。图 4-4(a) 与 4-4(b) 表示输出 V_0 与相位差 φ 的关系。当 $\varphi=0$ 时，V_0 为正的最大；$\varphi=\pi$ 时，V_0 为负的最大；$\varphi=\pi/2$ 和 $\varphi=3\pi/2$ 时，V_0 等于零。当非同步的干扰信号进入 PSD 后，由于与参考信号无固定的相位关系，得到如图 4-4(d) 的波形，经 LPF 积分平均后，其输出值为零，实现了对非同步信号的抑制。

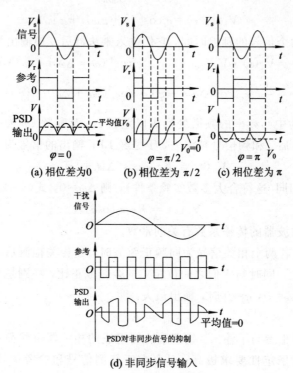

图 4-4 相敏检波器输出波形图

理论上，由于噪声和信号不相关，通过相关检测器后应被抑制，但由于 LPF 的积分时间不可能无限大，实际上仍有噪声电平影响，它与 LPF 的时间常数密切相关，通过加大时间常数可以改善信噪比。

4. 直流放大器

由 PSD 输出的信号是直流电压或缓慢变化的信号，因此后续的电路应为直流放大器。直流通道主要问题是放大器零漂的影响。由于 PSD 输出的直流信号可能很小（特别是对微弱正弦信号的检测），因此要选择低漂移的运算放大器作为直流放大器的前置级。其次，器件的 $1/f$ 噪声也是引起输出电压波动的原因，因此要求有尽量小的 $1/f$ 噪声。

4.1.2 双相锁相放大器

双相锁相放大器原理如图 4-5 所示。双相锁相放大器能同时检测用直角坐标系表示

的同相分量和正交分量，或用极坐标表示的幅值和相位，改变 φ 并不引起幅值的变化。由图可知，待测信号 $V_s(t, \varphi_s)$ 经信号通道后，被分别输入两个 PSD 电路，它们又分别被两个相互正交的方波信号 $V_r(t, \varphi_r)$，$V_r(t, \varphi_r + 90°)$ 所驱动，最后在同相 PSD 中输出正比于 $V_s(t, \varphi_s)$ 幅值 e_s 的电压 $Ke_s\cos(\varphi_s - \varphi_r)$，在另一正交的 PSD 中输出电压为 $Ke_s\sin(\varphi_s - \varphi_r)$。利用向量计算机可以得到被测信号的极坐标表示形式。

近二三十年来，锁定放大器在原理上没有新的突破，仅在扩展仪器功能、提高仪器性能方面作了不少努力。近几年，锁相放大器在国内发展也十分迅速，研制和生产了许多产品，开始形成了系列，性能基本上能满足各方面的需要。另外，也引进了许多国外产品。

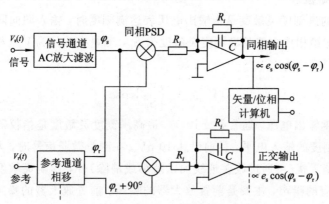

图 4 - 5　双相锁相放大器原理框图

4.2　锁相放大器的主要性能指标

1. 等效噪声带宽

为测量深埋在噪声中的微弱信号，必须尽可能地压缩频带宽度，锁定放大器最后检测的是与输入信号幅度成正比的直流电压，原则上与被测信号的频率无关，因此，频带宽度可以做的很窄，可采用一级普通的 RC 滤波器来完成频带压缩。所以，锁相放大器的等效噪声带宽可以引用滤波器的等效噪声带宽来定义。当低通滤波器与锁相放大器的输出噪声功率一致时，此时的滤波器的带宽为锁相放大器的等效噪声带宽。

2. 信噪比改善

在仪器分析中，为了表征噪声对信号的覆盖程度，人们引入了信噪比 SNR 的概念，信噪比指的是信号的有效值 S 与噪声的有效值 N 之比，即

$$\text{SNR} = \frac{S}{N} \tag{4-7}$$

信噪比可以是电压比值，一般表示为 SNR_v；也可以是功率比值，一般表示为 SNR_p。如何改善信号噪声比以提高检测灵敏度，是人们十分关注的问题。评价一种微弱信号检测方法的优劣，经常采用信噪比改善（SNIR）来评价

$$\text{SNIR} = \frac{\text{SNR}_o}{\text{SNR}_i} \tag{4-8}$$

其中，SNR_o 是系统输出端的信噪比；SNR_i 是系统输入端的信噪比。SNIR 越大，表明系统

抑制噪声的能力越强，检测的水平越高。

信噪比改善可用输入信号的等效噪声带宽 Δf_{ni} 与锁相检波器输出的等效噪声带宽 Δf_{no} 之比的平方根来表示，即

$$\text{SNIR} = \sqrt{\frac{\Delta f_{ni}}{\Delta f_{no}}} \tag{4-9}$$

令 $\Delta f_{ni}=10$ kHz，RC=1 s，若用一级 RC 滤波，则 $\Delta f_{no}=0.25$ Hz，那么信噪比改善为 200 倍。

3. 满刻度灵敏度

锁相放大器的满刻度灵敏度是指输出电压表达满刻度时，输入同向同步正弦波信号的有效值。如果已知锁相放大器的满刻度灵敏度为 S_F，测量有效值为 V_s、相对相位为 φ 的正弦波输入，则直流响应为

$$V_0 = V_F \left(\frac{V_s}{S_F} \right) \cos\varphi \tag{4-10}$$

式中，V_F 是满刻度输出电压，通常是 ± 10 V。最高满刻度灵敏度是指仪器放大倍数为最大时，使输出达满刻度的输入电平，目前已达 10 nV。在测量微弱信号时，人们关心的是输出信噪比，除地回路干扰（可通过改善地线加以减小或消除）外，影响灵敏度进一步提高的关键是仪器本身固有的噪声，主要是前置放大器的噪声。前置放大器的噪声决定了仪器所达到的最高灵敏度。

电压噪声是衡量放大器噪声性能的指标之一，一般是以 1 kHz 条件下的测量值折合到输入端的点频噪声电压（V_{nrms}）来表示。

$$V_{nrms} = \frac{V_{outp-p}}{6 \cdot G_L \cdot \sqrt{\Delta f}} \left(\frac{V}{\sqrt{Hz}} \right) \tag{4-11}$$

其中，V_{outp-p} 为锁相放大器输入端短路时输出电压起伏峰的峰值，Δf 为噪声带宽，它同时间常数 T_C 成反比。

$$\Delta f = \frac{1}{4 T_C} \tag{4-12}$$

G_L 为锁相放大器的总增益。

$$G_L = \frac{锁定放大器满刻度输出电压（10\ V）}{测量中所设定的满刻度灵敏度} \tag{4-13}$$

假定锁相放大器的灵敏度为 1 μVFS，$T_C=1$ 秒，信号输入端短路，记录仪记录输出电压起伏峰的峰值 $V_{outp-p}=50$ mV，设满刻度输出电压值为 1 V，则增益为

$$G = \frac{满刻度输出电压}{满刻度灵敏度} = \frac{1\ V}{1\ \mu V} = 10^6$$

$$\text{ENBW} = \frac{1}{4T} = 0.25 \text{ Hz}$$

所以

$$V_{nrms} = \frac{V_{outp-p}}{6 \cdot G \cdot \sqrt{\text{ENBW}}} = \frac{50\ mV}{6 \times 10^6 \times \sqrt{0.25}} = 1.7 (nVHz^{1/2})$$

4. 输出稳定性和最小可检测信号

如果测量的信号非常小，或者信号变化非常小，相应的直流输出可与锁相放大器的漂

移量相比较，测量就难以进行。这是因为输出端的漂移限制了精确测量，该漂移量通常称为输出稳定性。在确定灵敏度的条件下，最小可检测信号电平 MDS(Minimum Discernible Signal)是指输出稳定度乘以输出满刻度所需的相干信号峰值输入电平。对于锁相放大器而言，它主要由输出漂移决定。

5. 动态储备和过载电平

动态储备表示，允许输入最大不相干信号的峰值电平比满刻度输入的相干信号峰值电平大多少倍(或多少分贝)时，锁相放大器将出现过载。它反映仪器对外界干扰和噪声的抑制能力，表示锁相放大器在维持满刻度输出情况下输入端所能允许的最坏情况信噪比的直接量度。其定义为"给定的灵敏度条件下，允许最大不相干输入信号峰值电平与输出满刻度所需的相干输入信号峰值电平之比"。即

$$动态储备 = 20 \times \lg \frac{OVL}{FS}(dB) \tag{4-14}$$

锁相放大器的过载电平(OVL)是指仪器不产生非线性失真时的最大噪声电平，它是在仪器最大增益状态下测量的。由于过载时会使仪器工作在非线性状态，从而使满刻度信号响应产生误差。通常定义使信号输出产生 5% 误差的噪声电平为本仪器的 OVL。

6. 输入总动态范围和输出动态范围

输入总动态范围是评价锁相放大器从噪声中检测信号能力的指标，是指在给定的灵敏度条件下，允许的最大不相干输入信号的峰值过载电平与最小可检测的相干输入信号峰值电平之比，即

$$输入总动态范围 = 20 \times \lg \frac{OVL}{MDS}(dB) \tag{4-15}$$

必须指出，过载首先出现在峰值处，不相干信号一般均为干扰信号，对不同波形的干扰信号和噪声，它们的波峰系数不同。所以用均方根值、有效值来度量过载电平，就不如用峰值来度量更好。

输出动态范围表示仪器能检测的最小相干信号峰值电平，是满刻度读数相干信号峰值电平的多少分之一，它反映仪器的噪声特性。系统在给定灵敏度的条件下，给出满刻度输出的相干输入信号峰值电平与最小检测的相干输入信号峰值电平之比，即

$$输出动态范围 = 20 \times \lg \frac{FS}{MDS}(dB) \tag{4-16}$$

根据上述定义，则有：
$$输入总动态范围＝动态储备＋输出动态范围$$

动态范围是衡量 LIA 优劣的重要性能指标，它能充分地说明系统能检测的最小信号、线性度和对噪声的排除能力。它是评价锁相放大器从噪声提取信号能力的主要因素，输入总动态范围一般取决于前置放大器的输入端噪声及输出直流漂移，通常是给定的。当噪声大时，应增加动态储备，使放大器不因噪声而过载，但这是以增大漂移为代价的；当噪声小时，可增大输出动态范围，相对压缩动态储备，而获得低漂移的准确测量值。满度信号输入位置的选择要根据测量对象，通过改变锁相放大器的输入灵敏度来达到。

任何一个信号处理系统都包括三个临界电平，即满刻度信号输入电平(FS)、最小可检测信号电平(MDS)和过载电平(OVL)，用这三个电平可确定系统的性能和适应性。锁相放

大器的主要性能，即输入总动态范围、动态储备、输出动态范围也由这三个电平确定，它们之间的关系如图 4 - 6 所示。

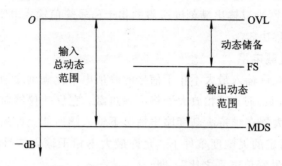

图 4 - 6 锁定放大器的动态特性

4.3 使用锁相放大器应考虑的问题

锁相放大器相当于一台抑制噪声能力强的 AC 电压表，输入占空比为 1：1 的交流信号（正弦或方波或类似方波），输出的是直流信号，输出电流与输入信号振幅及信号与参考信号之间相位差的余弦成正比，比例常数是锁相放大器的总增益。若被测信号不是 AC 信号，则需要调制成 AC 信号。

锁相放大器的输入信号，往往来自各类传感器。例如光电倍增管、电子倍增管、真空热电偶等。这些传感器将微弱的被测非电量信号转换成弱电信号。为正确地选用锁相放大器，需对传感器的主要性能有详细的了解，为此，下面介绍表征传感器性能的主要参数：

第一，灵敏度或响应度，其定义可用下式表示：

$$s = \frac{\Delta V(\text{或 } \Delta I)_{\text{out}}}{\Delta \varphi_{\text{in}}} \qquad (4-17)$$

其中，$\Delta \varphi_{\text{in}}$ 表示被测非电量的变化，ΔV_{out}（或 ΔI_{out}）表示相应的输出电压或电流变化。传感器的灵敏度直接关系到锁相放大器增益的选择，也是前置放大器选择的依据。

第二，输出阻抗。传感器的输出阻抗对锁相放大器而言就是源阻抗。例如光电倍增管的输出是高阻，真空热电偶是低阻，压电晶体则为电容件阻抗等。对不同传感器的源阻抗，前置放大器要采用不同的噪声匹配。

第三，等效噪声功率。这是表征传感器本身固有噪声的量级，但对锁相放大器而言，则是确定动态储备的依据。噪声大，则可以增加动态储备；噪声小，可以减小动态储备，提高测试精度。

第四，响应时间。响应时间关系到测量的工作频率或调制范围的确定。如光电倍增管响应的时间可以高达 2 ns 左右，光的响应调制频率可达数十兆赫的量级；但对真空热电偶而言，响应时间约为 20 ms，则光的调制频率必须小于 10 Hz。

前置放大器工作参数的正确选择：通常传感器与前置放大器连用时，为使前置放大器获得最佳噪声匹配，常常采用不同输入阻抗的前置放大器，以满足不同传感器的测量需要。前置放大器的噪声因子图是提供最佳源阻抗 R_{so} 和最佳工作频率 f_{opt} 选择的依据。根据噪声因子图在给定的工作频率下进行噪声匹配，对于锁相放大器的前置放大器的噪声匹配，其方法完全相同。

斩波技术在微弱直流信号或缓变信号测量中得到广泛应用。由于直流漂移及低频 $(1/f)$ 噪声，使前置放大器的噪声大大增加。用斩波器把直流信号变成频率为 f_x 的交流信号，消除了 $1/f$ 噪声及零点漂移的影响。显然，在斩波测量中斩波频率应为 $f_x = f_{opt}$，此方法可使锁相放大器在抗噪声性能最佳状态下工作。

锁相放大器时间常数选择。锁相放大器对噪声的抑制能力取决于等效噪声带宽（ENBW）的大小。ENBW 越小，噪声抑制能力越强。等效噪声带宽反比于积分器的时间常数，而时间常数大，则测量时间长。因此，锁相放大器信噪比的改善是以牺牲测量时间为代价的。

当连续对固定强度的信号测量时，可采用长时间常数。但对于如光谱、电子衍射等测量时，所测量的是变化量，这时积分时间常数的选择必须与被测量信号的变化速度相适应。积分时间常数过于小，则噪声就大；积分时间常数过于大，虽然噪声减小，但有用信号也因被积分平滑不能分辨，其道理在前面已作过讨论。

锁相放大器是一种相关测量，为满足相关测量要求，必须外加与信号相干的同频参考信号。参考信号可以由多种方式获得，对确实不可能具备参考信号条件的 AC 信号，则可采用自动频率跟踪闭环锁相放大进行检测。

多数锁相放大器具有 F 和 $2F$ 的选择开关，分别表示参考信号的频率是被测信号频率 f_x 的 1 或 2 倍，以备测量信号的基波、二次谐波等分量使用。

当被测信号的背景噪声较大时，需适当减小 AC 增益，使之有足够的动态储备，以免噪声引起锁相放大器的过载；当被测信号的噪声较小时，可增加交流增益，减小直流增益，增加输出动态范围以使测量更准确。这是前面讨论的动态协调问题。

不要因锁相放大器有极强的噪声抑制能力而忽视了应有的屏蔽和良好的接地。测量时地线要与良好的大地地线相连，必要时用浮地工作状态。

4.4　锁相环芯片

锁相环是指一种电路或者模块，它用于在通信的接收机中，其作用是对接收到的信号进行处理，并从其中提取某个时钟的相位信息。或者说，对于接收到的信号，仿制一个时钟信号，使得这两个信号从某种角度来看是同步的（或者说，相干的）。由于锁定情形下（即完成捕捉后），该仿制的时钟信号相对于接收到的信号中的时钟信号具有一定的相差，所以很形象地称其为锁相器。当前市面上有较多的锁相环集成电路芯片，例如：HMC830LP6GE，CD4046，Si4133，Zi050 等。

CD4046 是通用的 CMOS 锁相环集成电路，其主要特点是：电源电压范围宽（为 3～18 V）；输入阻抗高（约 100 MΩ）；动态功耗小，在中心频率 f_0 为 10 kHz 下功耗仅为 600 μW，属微功耗器件。

图 4-7 是用 CD4046 的 VCO 组成的方波发生器，当其 9 脚输入端固定接电源时，电路即起基本方波振荡器的作用。振荡器的充、放电电容 C_1 接在 6 脚与 7 脚之间，调节电阻

R_1 阻值即可调整振荡器振荡频率,振荡方波信号从 4 脚输出。按图示数值,振荡频率变化范围为 20 Hz 至 2 kHz。

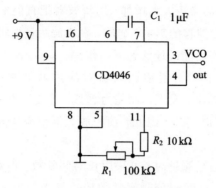

图 4-7 用 CD4046 组成的方波发生器

图 4-8 是 CD4046 锁相环用于调频信号的解调电路。如果(加"是")由载频为 10 kHz 组成的调频信号,用 400 Hz 音频信号调制,假如调频信号的总振幅小于 400 mV 时,用 CD4046 时则应经放大器放大后用交流耦合到锁相环的 14 脚输入端环路的相位比较器,因为需要锁相环系统中的中心频率 f_0 等于调频信号的载频,这样会引起压控振荡器输出与输入信号输入间产生不同的相位差,从而在压控振荡器输入端产生与输入信号频率变化相应的电压变化,这个电压变化经源跟随器隔离后在压控振荡器的解调输出端 10 脚输出解调信号。当 VDD 为 10 V,R_1 为 10 kΩ,C_1 为 100 pF 时,锁相环路的捕捉范围为 ±0.4 kHz。解调器输出幅度取决于源跟随器外接电阻 R_3 值的大小。

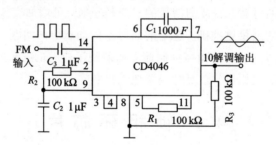

图 4-8 CD4046 构成的调频信号的解调电路

第5章　光谱测量仪器

光谱测量仪器是光电仪器的重要组成部分。它是用光学原理分析光谱分布，从而对物质的结构和成份等进行测量、分析和处理的基本设备。光谱测量仪具有分析精度高、测量范围大、速度快等优点。它广泛应用于冶金、地质、石油、化工、医药卫生、环境保护等部门，也是军事侦察、宇宙探索、资源和水文探测等必不可少的遥感设备。

将含有各种波长的混合光按波长次序排列成谱称为光谱。光谱分析就是通过区分不同的光谱特征确定不同的物质——定性分析物质的结构。通过区分光谱特征的强弱确定不同物质的含量——定量分析。

电磁辐射的光谱从不同角度出发，可将光谱分成各种不同的类别：

（1）按波长区域不同可分为远红外光谱、红外光谱、可见光谱、紫外光谱、远紫外光谱（真空紫外光谱）。

（2）按光谱的形态不同可分为线状光谱、带状光谱、连续光谱。

（3）按产生光谱的物质类型不同可分为原子光谱、分子光谱、固体光谱。

（4）按产生光谱的方式可分为激发光谱、吸收光谱、散射光谱、荧光光谱。

（5）按激发光谱的不同可分为火焰光谱、闪光光谱、等离子体光谱。

5.1　光谱仪的构成及性能指标

光谱仪是指利用色散元件和光学系统将光源发射的复合光按波长进行排列，并用适当的接收器接收不同波长的光辐射的仪器。按分光原理，可将光谱仪分为两大类：色散型和干涉型。色散型光谱仪典型的代表是用棱镜或光栅制成的摄谱仪和单色仪。干涉型红外光谱仪又称为傅里叶变换红外光谱仪(FTIR)。另外，新型扩展焦平面型光谱仪具有高的成像质量和分辨率。从原理上讲，分光镜和看谱镜也应属于光谱仪的一类，只是结构更为简单而已。

5.1.1　光谱仪的构成

光谱仪通常由入射狭缝、准直镜、色散元件、聚焦镜和谱线接收部分五个部分组成。图 5-1 表示光谱仪的这种构成情况。

被测光源发出的复色光辐射照射入射狭缝 S，通过狭缝后经准直镜 L_1 变成复色平行光射向色散元件 D，经色散后分解成一系列波长不同的平行光束，以不同角度射出，并由聚焦镜 L_2 将它们会聚在焦平面 P 的不同位置上。

通常所说的光谱，就是这些呈现于焦平面不同位置上的入射狭缝像，其中每一条入射狭缝像都称为一条谱线，对应着被测光源中的某一波长。

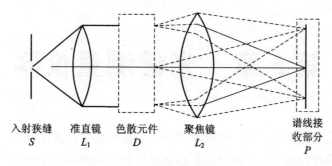

入射狭缝　准直镜　色散元件　聚焦镜　谱线接
S　　L_1　　D　　　L_2　　收部分
　　　　　　　　　　　　　　　　　　　P

图 5-1　光谱仪的构成

如果谱线接收部分是置于聚焦平面上的照相干板暗盒，这种光谱仪就是摄谱仪。摄谱仪可将被测光源的整个光谱同时记录在照相板上，经暗房处理后可得到如图 5-2(a) 所示的光谱，图中各条谱线的波长由其在 X 方向的位置决定，谱线强度则由线的黑度决定。

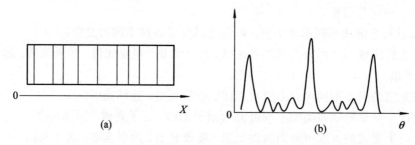

图 5-2　摄谱仪的光谱和单色仪的光谱

如果谱线接收部分是安装在聚焦镜平面上的一条出射狭缝，这种光谱仪就是单色仪。单色仪测谱时，常需在出射狭缝后放置一只电探测器，并记录探测器输出信号强度与色散元件转动角度之间的关系曲线，这种关系曲线就是单色仪的光谱，如图 5-2(b) 所示。光谱中的每一个峰都代表被测光源的一条谱线，其波长由色散元件的转角 θ 决定，而强度则由峰的高度决定。

摄谱仪的优点是可以同时记录整个光谱，而单色仪由于采用了光电探测，具有较高的灵敏度和响应速度。随着现代光电子技术的发展，近年来出现了一种称为光学多通道分析的仪器(简称 OMA)，在普通光谱仪的谱线接收部分装上这种仪器，就能将摄谱仪同时记谱和单色仪高灵敏、快响应的优点综合起来，从而构成了一种光电记录式摄谱仪。

光谱仪按所用色散元件种类的不同，可分为棱镜光谱仪和光栅光谱仪。一般说来，光栅光谱仪具有更高的分辨率、更宽的工作波长范围和更高的光谱线性度。但是，光栅光谱仪有光谱级次重叠的问题，因此能单值确定波长的自由光谱范围没有棱镜光谱仪宽。但全面权衡之下，还是光栅光谱仪更优越一些。随着现代光栅制造技术的发展，光栅光谱仪的应用会更加广泛。

5.1.2　光谱仪的性能指标

全面衡量一台光谱仪性能的优劣，需要考虑许多指标：

(1) 分辨率：表示光谱仪能分开两条波长相距最近谱线的能力，常用 $\lambda/(\Delta\lambda)$ 表示。实际工作中为了方便，有时也用光谱仪在可见光段的 $\Delta\lambda$ 来评价它的分光能力，称为"分辨"。

光谱仪的分辨率和很多因素有关，一般来说，色散元件的色散性能越好，成像光路的焦距越大，则光谱仪的分辨率越高。

（2）光谱范围：有两种定义。一种是光谱仪的工作波长范围；另一种是能单值确定波长的范围（常称自由光谱范围）。一般光栅光谱仪的工作波长范围比棱镜光谱仪要宽一些；棱镜光谱仪的自由光谱范围就是它的工作波长范围，比光栅光谱仪要宽一些。

（3）收光率（集光本领）：收光率指光谱仪接收被测光源辐射能量的能力，通常用 $U = \Omega A$ 表示。其中 A 为入射狭缝面枳，Ω 为光谱仪接收立体角，如图 5-3 所示。设光谱仪准直镜的直径为 D_1，焦距 f_1，则有 $\Omega = \pi (D_1/f_1)^2$，式中的 D_1/f_1 称为光谱仪的有效孔径。实际上，常用有效孔径的倒数 f_1/D_1 来表示光谱仪的收光能力，称为 f 数，f 数越小表示收光率越大。

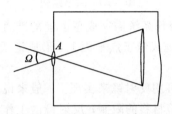

图 5-3　光谱仪的收光率

（4）透光率：表示被收入光谱仪的光能量有多少能通过光谱仪到达探测器，因此，它实质上是反映光谱仪对光的损耗程度，损耗越小，透光率越大。光谱仪的透光率主要由所用光学元件的透射或反射性能决定。

综上所述，在用光谱仪进行光谱测量时，所能达到的分辨率直接受到光谱仪分辨率的限制；所能达到的测量灵敏度，则与光谱仪的收光率和透光率有关。而测量范围由光谱仪的工作波长范围决定，有时还要受到自由光谱范围的影响。

5.2　棱镜光谱仪

棱镜光谱仪是最早使用的光谱仪器，其历史可追溯到三百多年前牛顿用棱镜将白光分解成彩色光光谱。棱镜的色散起源于棱镜材料折射率对波长的依赖关系。对多数材料而言，折射率随波长的缩短而增加（正常色散），即波长越短的光，在介质中的传播速度越慢。

正因为棱镜光谱仪通过折射产生色散，因此具有自由光谱范围宽的优点，即只要能通过棱镜，不同波长的光必将出现在光谱图的不同位置，而不像通过衍射和干涉产生色散那样，有光谱级次重叠的问题，这是棱镜光谱仪的最大优点。

5.2.1　棱镜光谱仪的结构

棱镜光谱仪由入射狭缝、准直镜、色散元件、聚焦镜和谱线接收部分五个部分组成。其结构如图 5-1 所示，只是其中的色散元件用棱镜实现。

（1）入射狭缝：狭缝一般由两平行安置的金属片组成，两金属片间的缝宽能精密控制，两金属片缝边应有朝向光谱仪的倒角，如图 5-4 所示，以免影响光谱仪的接收角，又可减少狭缝对光的散射。在有些大型光谱仪中，为了减少谱线弯曲对分辨率的影响，常采用弧形狭缝，狭缝宽度调节结构常设计成当狭缝关死时不再继续对狭缝施加压力，以免损坏刀口，尽管如此，使用时也不应将狭缝关到零，防止刀口上粘染的异物挤伤刀口。

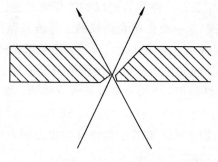

图 5-4　狭缝结构

（2）成像系统：光谱仪的成像系统需完成色散前的准直和色散后的聚焦两个任务，理想的聚焦应能将入射狭缝清晰地成像于焦平面上，形成谱线。为此，必须减少成像系统的像差。

准直和聚焦可用透镜，也可用反射镜来实现。一般来说，透镜（尤其是复合透镜）的成像质量较好，但透射范围受透镜材料的限制；反射镜的工作波长范围可以很宽，而且没有色差，但其像差较大。

（3）照相干板及暗盒：照相干板连同暗盒是摄谱仪中谱线的探测和记录装置。在摄谱过程中，照相干板接受适当曝光即产生了谱线的潜像，经暗房显影定影等处理后，就得到了一张永久的光谱照片。照相干板（或胶片）是在平整的玻璃（或胶片）上涂一层感光乳胶而制成的，乳胶是含有卤化银的明胶。一般而言，卤化银的颗粒越粗，感光速度越快，但分辨率也越低。

（4）色散棱镜：色散棱镜是利用棱镜材料对不同波长有不同折射率，从而使之产生色散。由于色散棱镜是棱镜光谱仪的核心部件，下面作较详细的介绍。

5.2.2　光谱棱镜的分光原理

1. 棱镜色散公式

1665 年牛顿发现了光的色散现象，他令一束平行的白光通过一块玻璃棱镜，在棱镜后的屏幕上得到一条彩色光带。这就是最原始的色散模型。如图 5-5 所示是通光棱镜主截面的光路图。

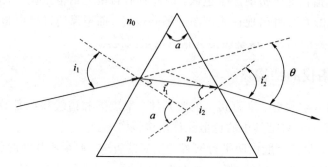

图 5-5　棱镜光路图

光谱棱镜是一个顶角为 α 的等腰三角形棱镜。光束的入射方向和出射方向的夹角 θ 为偏向角。

折射定律为

$$\left.\begin{array}{l} n_0 \sin i_1 = n\ \sin i_1' \\ n_0 \sin i_2' = n\ \sin i_2 \end{array}\right\} \tag{5-1}$$

如果棱镜置于空气中，$n_0 \approx 1$，则式（5-1）为

$$\left.\begin{array}{l} \sin i_1 = n\ \sin i_1' \\ \sin i_2' = n\ \sin i_2 \end{array}\right\} \tag{5-2}$$

如图 5-5 可见

$$\alpha = i_1' + i_2 \tag{5-3}$$

$$\theta = (i_1 - i_1') + (i_2' - i_2) = i_1 + i_2' - (i_1' + i_2) = i_1 + i_2' - \alpha \tag{5-4}$$

将折射角与入射角的关系式（5-2）代入（5-4）式得

$$\theta = i_1 + \arcsin(n\ \sin i_2) - \alpha$$

$$= i_1 + \arcsin\left\{ n\ \sin\left[\alpha - \arcsin\left(\frac{1}{n}\sin i_1\right) \right] \right\} - \alpha \tag{5-5}$$

由（5-5）式可见，对于 α 角已定的光谱棱镜，当入射角 i_1 不变时，偏向角 θ 是折射率 n 的函数。又因为 n 是波长 λ 的函数，所以 θ 随波长的不同而不同。一束白光经棱镜后，各波长对应的偏向角 θ 不同，即在空间上被分解开来，如图 5-6 所示。

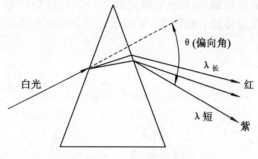

图 5-6　色散模型

一般在 λ 减小时：折射率 n 增大，色散模型 θ 增大。折射率 n 与 λ 的关系为哈特曼经验公式：

$$n = n_0 + \frac{c}{(\lambda - \lambda_0)^{\alpha_1}} \tag{5-6}$$

n_0、c 和 α_1 都是一些常数，玻璃不同，它们的数值不同。

2. 最小偏向角条件

$\theta(i_1)$ 函数有一个最小值 $\theta_{\min}$

将式（5-4）对 i_1 微分

$$\frac{\mathrm{d}\theta}{\mathrm{d}i_1} = \frac{\mathrm{d}i_2'}{\mathrm{d}i_1} + 1$$

最小偏向角的必要条件是 $\dfrac{\mathrm{d}\theta}{\mathrm{d}i_1} = 0$，则

$$\frac{\mathrm{d}i_2'}{\mathrm{d}i_1} = -1 \tag{5-7}$$

将式(5-2)微分

$$\left.\begin{array}{l} \cos i_1 \cdot \mathrm{d}i_1 = n \cos i_1' \cdot \mathrm{d}i_1' \\ \cos i_2' \cdot \mathrm{d}i_2' = n \cos i_2 \cdot \mathrm{d}i_2 \end{array}\right\} \qquad (5-8)$$

将式(5-8)两式相除得

$$\frac{\mathrm{d}i_2'}{\mathrm{d}i_1} = \frac{\cos i_1 \cdot \cos i_2}{\cos i_1' \cdot \cos i_2'} \cdot \frac{\mathrm{d}i_2}{\mathrm{d}i_1'} \qquad (5-9)$$

将式(5-3)微分得 $\mathrm{d}i_2 = -\mathrm{d}i_1'$ 并代入式(5-9)得

$$\frac{\mathrm{d}i_2'}{\mathrm{d}i_1} = -\frac{\cos i_1 \cdot \cos i_2}{\cos i_1' \cdot \cos i_2'} \qquad (5-10)$$

将式(5-10)代入式(5-7)得

$$\frac{\cos i_1 \cdot \cos i_2}{\cos i_1' \cdot \cos i_2'} = 1 \qquad (5-11)$$

将式(5-11)平方并利用式(5-2)得

$$\frac{1 - \sin^2 i_1}{n^2 - \sin^2 i_1} = \frac{1 - \sin^2 i_2'}{n^2 - \sin^2 i_2'} \qquad (5-12)$$

由式(5-12)可见，只有当 $i_1 = i_2'$ 时，式(5-12)才成立。

在 $i_1 = i_2'$ 时，有：

$$\frac{\mathrm{d}^2 \theta}{\mathrm{d}i_1^2} = \frac{\mathrm{d}^2 i_2'}{\mathrm{d}i_1^2} > 0$$

所以上述条件，也是实现最小偏向角的充分条件。可得到在最小偏向角情况下，光路对称，内部光线平行于底边传播，如图5-7所示。

$$\left.\begin{array}{l} i_1 = i_2' \\ i_1' = i_2 = \dfrac{\alpha}{2} \end{array}\right\} \qquad (5-13)$$

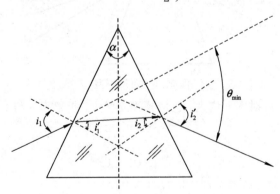

图5-7　最小偏向角位置光路图

此时 $\sin i_1 = \dfrac{n}{n_0} \sin i_1' = \dfrac{n}{n_0} \sin \dfrac{\alpha}{2}$，$i_1 = \arcsin\left[\dfrac{n}{n_0} \sin \dfrac{\alpha}{2}\right]$，则 i_1 随 n 而变，即随 λ 而变。

3. 光谱棱镜的角色散率

不同波长的单色光经过棱镜后有不同的偏向角 θ，$\dfrac{\mathrm{d}\theta}{\mathrm{d}\lambda}$ 称为棱镜角色散率。

将式(5-4)中 i_1 和 α 作为常量，然后对波长微分，得

$$\frac{\mathrm{d}\theta}{\mathrm{d}\lambda} = \frac{\mathrm{d}i_2'}{\mathrm{d}\lambda} \qquad (5-14)$$

下面求 $\dfrac{\mathrm{d}i'_2}{\mathrm{d}n}$，由于

$$\sin i'_2 = n \sin i_2 = n \sin(\alpha - i'_1) = n(\sin\alpha \cos i'_1 - \cos\alpha \sin i'_1) \tag{5-15}$$

$$\cos i'_1 = \sqrt{1 - \sin^2 i'_1} = \sqrt{1 - \frac{\sin^2 i_1}{n^2}} \tag{5-16}$$

将式(5-16)代入式(5-15)得

$$\sin i'_2 = n\left[\sin\alpha \sqrt{1 - \frac{\sin^2 i_1}{n^2}} - \cos\alpha \frac{\sin i_1}{n} \right]$$

$$= \sin\alpha \sqrt{n^2 - \sin^2 i_1} - \cos\alpha \sin i_1 \tag{5-17}$$

式(5-17)两边对 n 微分

$$\cos i'_2 \cdot \frac{\mathrm{d}i'_2}{\mathrm{d}n} = \frac{\sin\alpha \cdot 2n}{2\sqrt{n^2 - \sin^2 i_1}} = \frac{n \sin\alpha}{n\sqrt{1 - \frac{\sin^2 i_1}{n^2}}} = \frac{\sin\alpha}{\cos i'_1} \tag{5-18}$$

则

$$\frac{\mathrm{d}i'_2}{\mathrm{d}n} = \frac{\sin\alpha}{\cos i'_1 \cdot \cos i'_2} \tag{5-19}$$

角色散率

$$\frac{\mathrm{d}\theta}{\mathrm{d}\lambda} = \frac{\mathrm{d}i'_2}{\mathrm{d}\lambda} = \frac{\mathrm{d}i'_2}{\mathrm{d}n} \cdot \frac{\mathrm{d}n}{\mathrm{d}\lambda} = \frac{\sin\alpha}{\cos i'_1 \cdot \cos i'_2} \cdot \frac{\mathrm{d}n}{\mathrm{d}\lambda} \tag{5-20}$$

$\mathrm{d}n/\mathrm{d}\lambda$ 是棱镜材料的色散率，它表示介质的折射率随波长的变化程度。

当棱镜位于最小偏向角时：$i'_1 = \dfrac{\alpha}{2}$，$i'_2 = i_1$

$$\frac{\mathrm{d}\theta}{\mathrm{d}\lambda} = \frac{2 \sin\frac{\alpha}{2} \cdot \cos\frac{\alpha}{2}}{\cos\frac{\alpha}{2} \cdot \cos i_1} \cdot \frac{\mathrm{d}n}{\mathrm{d}\lambda} = \frac{2 \sin\frac{\alpha}{2}}{\cos i_1} \cdot \frac{\mathrm{d}n}{\mathrm{d}\lambda}$$

$$= \frac{2 \sin\frac{\alpha}{2}}{\sqrt{1 - \sin^2 i_1}} \cdot \frac{\mathrm{d}n}{\mathrm{d}\lambda} = \frac{2 \sin\frac{\alpha}{2}}{\sqrt{1 - n^2 \sin^2 i'_1}} \cdot \frac{\mathrm{d}n}{\mathrm{d}\lambda}$$

所以

$$\frac{\mathrm{d}\theta}{\mathrm{d}\lambda} = \frac{2 \sin\frac{\alpha}{2}}{\sqrt{1 - n^2 \sin^2 \frac{\alpha}{2}}} \cdot \frac{\mathrm{d}n}{\mathrm{d}\lambda} \tag{5-21}$$

由式(5-21)可见：当 α、n 增大时，$\dfrac{\mathrm{d}\theta}{\mathrm{d}\lambda}$ 也会增大，一般 $\alpha = 60° \sim 70°$。

根据科希公式：材料的折射率可表示为 $n = A + \dfrac{B}{\lambda^2}$，则 $\dfrac{\mathrm{d}n}{\mathrm{d}\lambda} = -\dfrac{2B}{\lambda^3}$，故有 $\dfrac{\mathrm{d}n}{\mathrm{d}\lambda} \propto \dfrac{-1}{\lambda^3}$。即棱镜材料折射率对波长的变化率和波长的三次方成反比。也就是说，棱镜光谱仪产生的光谱是非线性的短波段稀、长波段密，如图 5-8 所示。此外，棱镜的角色散仅与顶角有关，而

与棱镜大小无关，因此，在光谱实验中需用棱镜对激光束进行分光或偏折时，可以使用尺寸很小的棱镜而不必担心其使用效果。

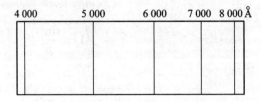

图 5-8　棱镜的非均匀光谱

4. 光谱棱镜的分辨率

两条谱线波长的平均数与这两条刚好能分辨开的谱线之间的波长差之比为光谱棱镜的分辨率，即 $R = \dfrac{\lambda}{d\lambda}$。

设含有两个波长（其波长差为 $d\lambda$）的一束平行光，以满足最小偏向角条件（$i_2' = i_1$）通过图 5-9 所示棱镜，由式（5-21），经色散后，其角距离为

$$d\theta = \frac{2 \sin \dfrac{\alpha}{2}}{\cos i_1} \cdot dn \qquad (5-22)$$

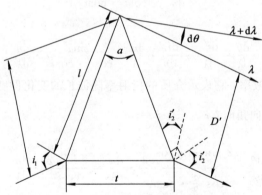

图 5-9　满足最小偏向角光路图

由棱镜矩孔衍射所决定的最小分辨角为

$$d\theta_0 = \frac{\lambda}{D'} = \frac{\lambda}{l \cos i_2'} = \frac{\lambda}{l \cos i_1} \qquad (5-23)$$

而 $t = 2l \sin \dfrac{\alpha}{2}$，则

$$d\theta_0 = \frac{2\lambda \sin \dfrac{\alpha}{2}}{t \cos i_1}$$

要能分开两个波长的光束，根据瑞利判据 $d\theta \geqslant d\theta_0$。

$$\frac{2 \sin \dfrac{\alpha}{2}}{\cos i_1} \cdot dn = \frac{2\lambda \sin \dfrac{\alpha}{2}}{t \cos i_1}$$

两边除以 $d\lambda$ 得

$$\frac{\mathrm{d}n}{\mathrm{d}\lambda} = \frac{1}{t} \cdot \frac{\lambda}{\mathrm{d}\lambda}$$

分辨率

$$R = \frac{\lambda}{\mathrm{d}\lambda} = t\frac{\mathrm{d}n}{\mathrm{d}\lambda} \tag{5-24}$$

要增大棱镜的分辨率，可以增大棱镜底边长度 t，选用介质色散率 $\mathrm{d}n/\mathrm{d}\lambda$ 大的材料。如果光束只通过棱镜的一部分，如图 5-10 所示，则分辨率将降至

$$\frac{\lambda}{\Delta\lambda} = (t_2 - t_1)\frac{\mathrm{d}n}{\mathrm{d}\lambda} \tag{5-25}$$

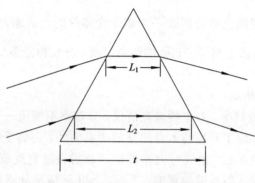

图 5-10　棱镜未充满

可见，为了充分利用棱镜的分辨能力，在用光谱仪进行光谱测量时，应尽量使被测光束充满整个棱镜。

从角色散考虑，对棱镜材料要求：n 大，且 $\mathrm{d}n/\mathrm{d}\lambda$ 大；另一方面，在棱镜光谱仪中，被测光必须透过棱镜，必须对一定波长范围的光有很好的透射性能。综合上述两方面考虑，适用于各种波段的棱镜材料如表 5-1 所示。

表 5-1　常用棱镜材料

光波段	波长范围	常用材料
紫外波段	$120\sim220$ nm	氟化锂
	$200\sim400$ nm	石英
可见波段	$400\sim800$ nm	玻璃
红外波段	$0.8\sim2.7$ μm	石英
	$0.7\sim5.5$ μm	氟化锂
	$5\sim9$ μm	氟化钙
	$8\sim16$ μm	氟化钠

5.2.3　棱镜光谱仪的色散和分辨率

以上介绍的是棱镜的角色散和分辨率，用棱镜做成棱镜光谱仪以后，整个光谱仪的色散分辨率如何，还和其他许多因素有关。

1. 棱镜光谱仪的线色散

和棱镜的情况不同，棱镜光谱仪可用线色散来表示它的色散能力。线色散$\dfrac{\mathrm{d}x}{\mathrm{d}\lambda}$定义为单位波长间隔的两条谱线在光谱仪焦平面上的距离，一般用 mm/Å 表示。对于使用角色散为$\dfrac{\mathrm{d}\theta}{\mathrm{d}\lambda}$的棱镜和焦距为 f_2 的聚焦镜的光谱仪，其线色散为

$$\frac{\mathrm{d}x}{\mathrm{d}\lambda} = f_2 \cdot \frac{\mathrm{d}\theta}{\mathrm{d}\lambda} \tag{5-26}$$

可见，在棱镜选定的情况下，聚焦镜的焦距越长，棱镜光谱仪的线色散越大。

实际中，更多地使用线色散的倒数$\dfrac{\mathrm{d}\lambda}{\mathrm{d}x}$来表示光谱仪的色散能力，称为倒数线色散，单位为 Å/mm。意思是光谱图上相距 1 mm 的两条谱线，波长相差多少埃。倒数线色散越小，光谱仪的线色散越好。

2. 棱镜光谱仪的分辨率

前面给出了棱镜的分辨率，对于棱镜光谱仪，分辨率不能用一个关系式简单地描述出来。棱镜光谱仪的分辨率除了和棱镜本身的分辨率有关外，还将受到许多因素的影响，如入射狭缝宽度、成像系统参数、谱线弯曲特性以及出射狭缝宽度或照相干板分辨能力等。其中，最大的影响因素是入射狭缝的宽度。下面，分几种情况分别进行讨论入射狭缝宽度对光谱仪分辨率的影响。

（1）最小狭缝宽度：前面表示的棱镜分辨率在入射狭缝宽度无限小时成立。由于衍射效应，使实际使用的入射狭缝宽度不能无限小，而有一最小限制 W_{min}，即为使光束的衍射主极大能全部通过光谱仪的孔径 α 时的入射狭缝宽度，如图 5-11 所示。

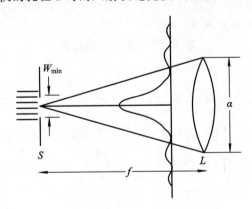

图 5-11 最小狭缝宽度

由衍射理论，有

$$W_{min} = 2\lambda \cdot \frac{f_1}{\alpha} \tag{5-27}$$

式中，f_1 为准直镜的焦距。

当入射狭缝等于 W_{min} 时，棱镜光谱仪的分辨率降为棱镜分辨率的 1/3，即

$$\frac{\lambda}{\Delta\lambda} = \frac{t}{3} \cdot \frac{\mathrm{d}n}{\mathrm{d}\lambda} \tag{5-28}$$

一般，这是棱镜光谱仪实际使用中所能达到的最高分辨率。因为继续降低狭缝宽度已不能有效提高分辨率，反而会使其它指标迅速变坏。如果使用 $t=10$ cm 的重火玻璃棱镜，用于 4350 Å 波长，棱镜的分辨率为 3×10^4。做成光谱仪后，在最小狭缝宽度下使用，棱镜光谱仪的分辨率最高只能达到 1×10^4。

（2）大狭缝情况：在入射狭缝较大时，衍射效应可以忽略不计。这时光谱仪的分辨率主要由狭缝宽度决定，当入射狭缝宽度为 W_1 时，光谱仪焦平面上光谱线的宽度 W_2 将为

$$W_2 = \frac{f_2}{f_1}W_1 \tag{5-29}$$

两条波长差为 $\Delta\lambda$ 的两光谱线在焦平面上的间隔为

$$\Delta x_2 = \frac{\mathrm{d}x}{\mathrm{d}\lambda}\Delta\lambda \tag{5-30}$$

要使这两条谱线可以分辨，至少应有 $\Delta x_2 = 2W_2$，因此，光谱仪的分辨率和入射狭缝宽度的关系为

$$\frac{\lambda}{\Delta\lambda} = K \cdot \frac{\mathrm{d}x}{\mathrm{d}\lambda} \cdot \frac{1}{W_1} \tag{5-31}$$

其中，K 为与光谱仪结构有关的常数。可见，对给定的光谱仪（K 和 $\mathrm{d}x/\mathrm{d}\lambda$ 一定），光谱仪的分辨率和入射狭缝宽度成反比。

（3）过渡情况：随着入射狭缝宽度不断增大，衍射效应从明显到不明显是逐渐变化的。因此，在（1），（2）两种情况之间存在着一个过渡阶段，通常认为，当入射狭缝宽度减小到最小狭缝宽度的 3～5 倍后，用减小狭缝宽度的办法提高分辨率不如大狭缝情况有效。在过渡段内，狭缝宽度的减少却使光电探测的输出信号迅速下降，因此，在高分辨率和高灵敏度要求下使用光谱仪时，须考虑这一特点。图 5-12 定性地表示出光谱仪分辨率随入射狭缝宽度变化的情况。

此（1），（2），（3）的情况也适用于光栅光谱仪。

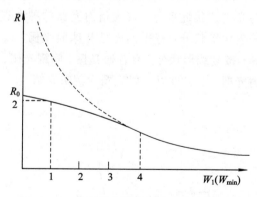

图 5-12　光谱仪分辨率与狭缝宽度的关系

5.3　光栅光谱仪

光栅光谱仪利用衍射光栅作为色散元件，与棱镜光谱仪相比，光栅光谱仪具有更高的分辨率和色散率。衍射光栅可以工作于从数十埃到数百微米的整个光学波段，比色散棱镜

的工作波长范围宽。此外，在一定范围内，光栅所产生的是均排光谱，比棱镜光谱的线性要好得多，因此，在光谱测量工作中，光栅光谱仪有着更为广泛的应用。

图 5-13 为一典型光栅单色仪的结构。与图 5-5 所示的棱镜摄谱仪相比可以看出，两者的基本结构相似，但有如下几点不同：

（1）衍射光栅取代了色散棱镜；

（2）准直透镜和聚焦透镜换成了相应的反射镜；

（3）由于摄谱仪变成了单色仪，故照相干板被出射狭缝取代。

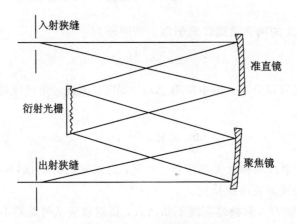

图 5-13 典型光栅单色仪结构

5.3.1 光栅衍射原理

衍射光栅是光栅光谱仪的核心色散器件。它是在一块平整的玻璃或金属片的表面刻划出一系列平行、等宽、等距的刻线，就制成了一块透射式或反射式的衍射光栅，如图 5-14 所示。图中 b 为刻线宽度，相邻刻线的间距 d 称为光栅常数，通常刻线密度为每毫米数百至数十万条，刻线方向与光谱仪狭缝平行。现代衍射光栅的种类很多，按工作方式分，有反射光栅和透射光栅；按表面形状分，有平面光栅和球面光栅；按制造方法分，有刻划光栅，复制光栅和全息光栅；按刻线形状分，有普通光栅、闪耀光栅、阶梯光栅等。在光谱仪中，多用各种形式的反射光栅，本文也以反射光栅为例来介绍。

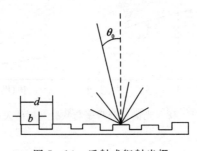

图 5-14 反射式衍射光栅

1. 工作原理

入射光照射在光栅上时，光栅上每条刻线都可看成一宽度极窄的线状发光源，由于衍射效应，这种极窄光源发出的光分布在空间很大的角度范围内（并不遵循几何光学的反射定律），但是不同刻线发出的光之间有一定的相位差，由于干涉效应，使入射光中不同波长成分分别出现在空间的不同方向上，也使入射光发生了色散。可见，衍射光栅的色散实质上是基于单个刻线对光的衍射（单缝衍射）和刻线衍射光之间的干涉（多缝干涉），并且多缝干涉决定各种波长的出射方向，单缝衍射则决定它们的强度分布。

2. 光栅方程

设有一束光以入射角 θ_0 射向一块衍射光栅，则只有在满足下式的角度 θ_m 下才有光束衍射出来

$$d(\sin\theta_0 \pm \sin\theta_m) = m\lambda \qquad (5-32)$$

式(5-32)即为著名的光栅方程。其中，d 为光栅常数，在可见光范围内，d 一般在 $1/1000 \sim 1/500$ mm 之间。θ_m 为第 m 级亮纹对应的衍射角；λ 为入射光波长；θ_0 为入射平行光对光栅面的入射角；m 为多缝干涉主极大级数，$m = 0, \pm 1, \pm 2, \cdots$，也称为衍射级次。入射光处于光栅面法线同侧的亮条纹时式(5-32)中取正号；异侧时取负号。

亮纹（主极大）中心位置满足光栅方程中 $m=0$，$(\theta=0)$ 时，$d\sin\theta=0$ 为中央明纹中心。

其它亮纹（主极大）中心位置满足多缝干涉的光栅方程

$$d\,\sin\theta_m = \pm m\lambda \qquad m = 0, 1, 2 \qquad (5-33)$$

不满足单缝衍射暗纹条件：

$$a\,\sin\theta_m \neq \pm m'\lambda \qquad m' = 1, 2, 3 \qquad (5-34)$$

m' 为单缝衍射暗纹级数。式(5-33)和式(5-34)要同时满足，才会出现主极大暗条纹位置：

$$d\,\sin\theta_m = \pm \frac{(2m+1)}{2}\lambda \qquad m = 0, 1, 2$$

$$a\,\sin\theta_m = \pm m'\lambda \qquad m' = 1, 2, 3$$

式(5-33)与式(5-34)只满足一个便是暗纹。

根据光栅方程，可以分析出在单色光、复色光入射的情况下，光栅衍射光的特点：

(1) 单色光入射时，光栅将在 $(2m+1)$ 个方向上产生相应级次的衍射光。其中只有 $m=0$ 的零级衍射光才是符合反射定律的光束方向，其它各级衍射光均对称地分布在零级衍射光的两侧，且级次越高的衍射光，离零级衍射越远。

(2) 复色光入射时，同样产生 $(2m+1)$ 个级次的衍射光。但是，在同一级衍射光中，波长不同的光衍射角又各不相同，长波光的衍射角较大。就是说，复色光经光栅衍射后产生的是 $(2m+1)$ 个级次的光谱，当 $m=0$ 时，不管什么波长都将在 $\theta_m = \theta_0$ 的方向衍射出来，即零级光谱是没有色散的。

图 5-15 表示在复色光入射下，衍射光栅产生各级光谱的情形。从图的下部所示的光栅光谱可以看出：各级光谱间有一定程度的重叠，例如波长为 600 nm 的一级衍射光，波长为 300 nm 的二级衍射光和波长为 200 nm 的三级衍射光……，都出现同一衍射方向上。理论上，各级光谱是完全重叠的，即波长为 λ 的一级衍射光，将和波长为 λ/m 的 m 级衍射光出现在同一衍射方向上。实际上，由于被测光源的波长和光谱仪及探测器的响应总有一定范围，因此谱级重叠情况不会像理论预计的那样严重，但在实际工作中，确实得注意由于邻近谱级重叠所造成的干扰。

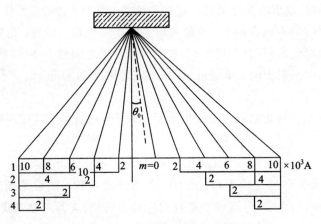

图 5-15　衍射光栅的光谱

5.3.2　光栅的色散和分辨率

1. 光栅的色散

复色光入射时，除零级外各波长的衍射亮线分开，各色同级亮级分开的程度用光栅的色散来表示。

角色散

$$\frac{\mathrm{d}\theta}{\mathrm{d}\lambda} = \frac{m}{d\cos\theta}(弧度／埃)；当 \theta 很小时，\frac{\mathrm{d}\theta}{\mathrm{d}\lambda} = \frac{m}{d} \qquad (5-35)$$

由式(5-35)可以看出：

(1) 光栅的角色散和衍射级次 m 成正比，故使用较高的衍射级次可以得到较大的角色散。

(2) 角色散和光栅常数 d 成反比，即刻线密度大的光栅角色散大。

(3) 角色散与 $\cos\theta_m$ 成反比，对于给定的光栅和级次，衍射角越大，角色散越大。但是，当衍射角较小时(即在光栅法线附近)，$\cos\theta_m \approx 1$，则式(5-35)变为

$$\frac{\mathrm{d}\theta_m}{\mathrm{d}\lambda} = \frac{m}{d} \qquad (5-36)$$

即光栅的角色散与波长无关，这就是光栅产生均排光谱的原因和条件。

线色散

$$\frac{\mathrm{d}l}{\mathrm{d}\lambda} = \frac{\mathrm{d}\theta}{\mathrm{d}\lambda} \cdot f'(毫米／埃) \qquad (5-37)$$

可见光栅的色散与光波长无关，它仅决定于光栅常数 d 和被考察亮线的级次 m，色散是作为分光元件的衍射光栅的重要特性参数。

根据光栅方程，只要测得某光波第 m 级亮级的衍射角 θ_m，并已知光栅常数 d 和入射角 i，则可求得该光波波长。

同时，如果测得各色光第 m 级亮线的衍射角 θ，则可算得各色光的波长差，求得第 m 级亮线的角色散。f' 为会聚透镜的焦距。

2. 光栅的分辨率

光栅衍射谱线的角宽度由多缝干涉因子决定，为

$$\Delta\theta_m = \frac{\lambda}{Nd\,\cos\theta_m} \tag{5-38}$$

波长为 λ 和 $\lambda + \Delta\lambda$ 的两谱线经光栅衍射后产生的角距离 $\Delta\theta_m$ 为

$$\Delta\theta_m = \frac{m}{d\,\cos\theta_m}\Delta\lambda \tag{5-39}$$

按照瑞利判据，要分开上述两条谱线，需使式(5-38)与式(5-39)相等，由此得到光栅的分辨率为

$$\frac{\lambda}{\Delta\lambda} = N \cdot m \tag{5-40}$$

式(5-40)说明，光栅的总刻线数 N 越多，使用的级次 m 越高，则分辨率越高。

为了进一步说明光栅分辨率和各种因素的关系，利用光栅方程，将式(5-40)改为

$$\frac{\lambda}{\Delta\lambda} = \frac{W}{\lambda}(\sin\theta_0 + \sin\theta_m) \tag{5-41}$$

其中 $W = N \times d$，d 为光栅的几何宽度。式(5-41)中括号内一项的最大值为 2，因此，不管 N 多大，光栅的分辨率最高也只能达到 $2W/\lambda$。这说明，单靠增加 N 来提高光栅的分辨率是有限制的。原因是：① 从光栅方程可见，d 不能小于 $\lambda/2$；② d 比波长小时，光栅的反射作用加大，因此，只有在提高 N 的同时也增大光栅宽度 W，才是提高光栅分辨率的有效方法。

设有一光栅，刻线密度为 2400 线/mm，光栅宽度 10 cm，用于 500 nm 波长，其分辨率按式(5-41)为

$$\frac{\lambda}{\Delta\lambda} = 2.4 \times 10^5 \tag{5-42}$$

如用于第二衍射级，则分辨率约为 5×10^5，这相当于在 500 nm 波长上，可分辨的波长间隔为 $\Delta\lambda = 0.01$ Å。可见，光栅的分辨率比棱镜要高得多。

5.4　OSM-400 光谱仪的主要性能特性

OSM-400 包含有一个分光计，一个统计逻辑单元，一个终端复用器，供电单元(外部和内部)，一个显示部分(触摸屏)。分光计结构包括光栅、狭缝和线阵图像传感器。通过使用不同的光栅和传感器，OSM-400 可覆盖红外到紫外光谱范围。具体特性请参考附录四的介绍。

5.5　光谱仪使用注意事项

5.5.1　对光谱实验室的要求

光谱实验室不应受阳光直接照射；尽可能与化学实验室分开，以防酸、碱及其它腐蚀性气体、蒸汽或烟雾侵蚀仪器的光学和精密机械零件；实验室要远离震源和热源；工作台

要足够稳固。

光谱实验室应经常保持清洁、干燥，相对湿度不超过 70%，空气要流通；室温不宜过高或过低，波动要小，最好配备空调设备；摄谱仪电极架上部应有排风设备。

光谱实验室内电源的负荷要根据摄谱仪用电量大小决定，一般用电量最大为 20 A；操作范围内应备有绝缘胶板。

为了保证谱线中心和出射狭缝的中心位置相互偏离不大，要求工作室保持恒温或者在出射狭缝配备温度补偿机构；工作室周围不能有震源，以防仪器受震。

工作室周围不能有强磁场、强电场或其它放射源，以免产生暗电流。

5.5.2 使用注意事项

（1）摄谱仪的狭缝、透镜、光阑、色散器必须保持清洁，若受到磨损或沾上灰尘、污物，则会影响谱像的质量。

（2）使用狭缝时切勿使狭缝读数放到零或小于零处，以免两个狭缝刀口相碰撞而损坏；狭缝要保持干净，不用时要盖好保护盖，不准用手抚摸。若在狭缝上落了灰尘或污物，就会出现横贯整个光谱（垂直于谱线）的黑线。此时应将狭缝保护盖卸下，把狭缝开宽，然后用柳木小棍削成光滑的尖端或楔形，沿狭缝长度方向擦去缝中灰尘或污物；如在摄得的光谱底片上，只在可见谱线区域有谱线出现，而在紫外光谱区域的谱线显著减弱或甚至不出现，则可能是狭缝中有某种不适紫外线的油脂之类的污物，可以用脱脂棉蘸上适当的溶剂将它除去。

（3）透镜照明系统中的第一块（靠近光源的）和第三块透镜（靠近狭缝的）上有污物或灰尘时，也会出现和狭缝不清洁时相同的现象。透镜的通光表面应保持清洁，不应以手接触，如有灰尘，可用清洁的软毛刷或擦镜纸轻轻擦去。如沾上手指印或其他油污，应及时用脱脂棉沾 30% 的乙醚与 70% 的酒精混合液仔细进行清洗，清洗时应特别注意不得在通光表面上擦出伤痕。棱镜色散器的维护方法和透镜一样，棱镜应保持干燥，干燥剂要经常更换。

（4）光栅表面绝不许用手触及，也不能用擦镜纸或脱脂棉去擦拭；不能对着光栅说话，以防唾液溅到光栅上。如有灰尘，可用干净的洗耳球吹掉。若短期内不用摄谱仪，应把光栅从光栅架上卸下，盖好盖子存放在保干器内。

（5）摄谱仪导轨应经常涂油保养，以防生锈。

（6）摄谱仪内部各反射镜和色散器等不能随便拆卸。

（7）测量完毕后，光增感光板处应装上毛玻璃，以防灰尘侵入。

（8）使用光电倍增管时，须预热后才能测量，以避免测定的结果不准确。光电倍增管如长期受光照射，则容易疲劳，因此使用时应尽可能减少照射时间。

（9）若通入惰性气体，需要控制其纯度，流速和压力也要稳定。

第6章　可调谐激光器

可调谐激光器(Tunable Laser)是指在一定范围内可以连续改变激光输出波长的激光器。这种激光器的用途广泛，可用于光谱学、光化学、医学、生物学、集成光学、污染监测、半导体材料加工、信息处理和通信等。

目前可调谐激光器可以分为很多类，如果从可调范围来讲，可分为窄范围可调激光器和宽范围可调激光器。窄范围可调激光器在几百吉赫范围内可调，而宽范围可调激光器在整个 C 波段都可调。如果按照激光器不同结构来划分的话，可分为分布反馈(DFB)激光器、分布布拉格反射(DBR)激光器、采样光栅 DBR(SG-DBR，Sampled Grating Distributed Bragg Reflector)激光器、外腔激光器(ECL)和垂直腔表面发射激光器(VCSEL)等；如果从实现技术上看主要分为电流控制技术、温度控制技术和机械控制技术等类型。

实现激光波长调谐的原理大致有三种。第一种是通过某些元件(如光栅)改变谐振腔低损耗区所对应的波长来改变激光的波长；第二种是通过改变某些外界参数(如磁场、温度等)使激光跃迁的能级移动；第三种是利用非线性效应实现波长的变换和调谐。

6.1　可调谐激光器的基本结构特点

不论可调激光器有何特殊结构，它们都包含三个基本要素：具有有源增益区和谐振腔的源二极管；用来改变和选择波长的调节机构；稳定波长输出的工具。除了垂直腔表面发射激光器(VCSEL)，源二极管激光器通常采用各种法布里-珀罗(F-P)腔，腔长、温度、能隙、增益、载流子浓度、折射率等均可影响其发射波长；调节机构可以是温控、电流控制或机械控制的微机电系统(MEMS)。而输出波长稳定性则是通过采用某种波长锁定器或在反馈控制回路中来实现的。

6.1.1　染料激光器基本结构

染料激光的调谐范围为 $0.3\sim1.2~\mu m$，是应用最多的一种可调谐激光器。一般染料激光器的结构简单、价廉，输出功率和转换效率都比较高。环形染料激光器的结构比较复杂，但性能优越，可以输出稳定的单纵模激光。

染料激光器的工作物质是有机染料，其能级由单重态(S)和三重态(T)组成。S 和 T 又分裂成许多振动-转动能态，在溶液中这些能态还要明显加宽，因此能发出很宽的荧光。

图 6-1 为染料激光器的典型结构示意图。图中用 Nd:YAG 激光经过倍频之后产生的 5320 Å 激光作为泵浦源去激励染料。在振荡器部分，条纹间距为 d 的衍射光栅和输出镜构成谐振腔。这时，只有波长满足 $2d\cos\theta=m\lambda$，$m=0，1，2，\cdots$的光束才具有低的损耗，能形成激光振荡。因此，旋转光栅(改变 θ 角)，就能改变输出激光的波长。在谐振腔内还插入一个放在压力室中的标准具。改变压力室中的气压，可使标准具中气体的折射率随之而

变，从而获得输出波长的精细调谐。图中还有一级放大，以增加输出激光的功率。

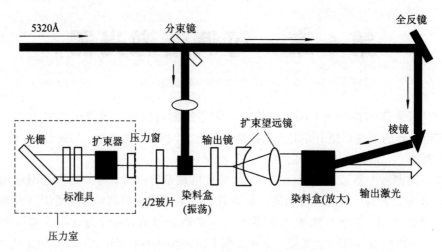

图 6-1 染料激光器的典型结构示意图

一般染料激光器的结构简单、价廉，输出功率和转换效率都比较高。环形染料激光器的结构比较复杂，但性能优越，可以输出稳定的单纵模激光。

6.1.2 可调谐激光器的调谐控制技术

可调谐激光器从实现技术上看主要分为电流控制技术、温度控制技术和机械控制技术等类型。

电流控制技术是通过改变注入电流的大小实现波长的调谐，具有纳秒级调谐速度，较宽的调谐带宽，但输出功率较小，基于电控技术的主要有 SG-DBR（采样光栅 DBR）和 GCSR（辅助光栅定向耦合背向取样反射）激光器。

温度控制技术是通过改变激光器有源区折射率，从而改变激光器输出波长的。该技术简单，但速度慢，可调带宽窄，只有几个纳米。基于温度控制技术的主要有 DFB（分布反馈）和 DBR（分布布拉格反射）激光器。

机械控制技术主要是基于 MEMS（微机电系统）技术完成波长的选择，具有较大的可调带宽、较高的输出功率。基于机械控制技术的主要有 DFB（分布反馈）、ECL（外腔激光器）和 VCSEL（垂直腔表面发射激光器）等结构。

下面从这三个方面对可调谐激光器的原理进行说明。

1. 电流控制技术

电流控制技术的一般原理是通过改变可调谐激光器内不同位置的光纤光栅和相位控制部分的电流，从而使光纤光栅的相对折射率发生变化，产生不同的光谱，通过不同区域光纤光栅产生的不同光谱的叠加进行特定波长的选择，从而产生需要的特定波长的激光。

一种基于电流控制技术的可调谐激光器采用取样光栅分布布拉格反射 SG-DBR 结构。四段式 SG-DBR 可调谐半导体激光器及其取样光栅结构如图 6-2 所示。从前至后的顺序依次为前光栅区（FSG）、有源区（Active）、相位区（Phase）和后光栅区（RSG）。取样光栅是在均匀光栅中周期性地去除一些区域而构成的一种特殊周期性光栅结构，这种周期性调制导致光栅具有梳状的反射谱。在前、后光栅区中选用不同的取样周期，则相应的梳状反射谱序列的周期将会错开一定的距离，当两个梳状反射谱序列中的一对谱峰发生重合时，就能够选定单一的输出波长。

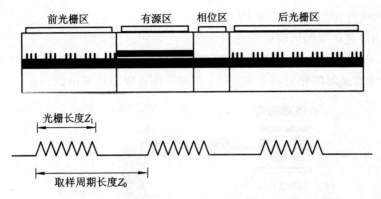

图 6 - 2　四段式 SG - DBR 可调谐半导体激光器及其取样光栅结构图

当在前、后光栅区中注入电流时，就可以利用自由载流子的等离子效应来改变无源波导区的有效折射率，从而达到控制梳状反射谱峰的位置；相位区的作用是改变激光器的腔模。通过同时改变前、后光栅区以及相位区的调谐电流，可以使不同的光栅反射峰和腔模对准，这种类似于游标效应的调谐方式可以在注入电流很小的情况下实现较大的波长调谐范围。

对于在有源区（Active）产生的光谱，分别在前布拉格光栅区和后布拉格光栅区形成频率分布有较小差异的光谱。对于需要的特定波长的激光，可调谐激光器分别对前布拉格光栅和后布拉格光栅施加不同电流，使得在这两个区域产生只有此特定波长重叠，而其它波长不重叠的光谱，从而使需要的特定波长能够输出。同时该种激光器还包含半导体放大器区，使输出的特定波长的激光功率达到 100 mW 或者 20 mW。

2. 机械控制技术

基于机械控制技术一般采用微机电系统（MEMS）来实现。一种基于机械控制技术的可调谐激光器采用 MEMS-DFB 结构。可调谐激光器主要包括 DFB 激光器阵列、可倾斜的 MEMS 镜片和其它控制与辅助部分。可调谐激光器是通过控制 MEMS 倾斜的反射镜旋转角度选择波长时，具有较大的可调带宽、较高输出功率，但一般需要几秒的调谐稳定时间。如果增益区采用非对称量子阱结构，可实现 240 nm 的调谐范围（波长 1.3～1.54 μm）。表 6 - 1 为不同波长和结构激光器的机械调谐范围。

表 6 - 1　不同波长和结构激光器的机械调谐范围

波长和结构	调谐范围/nm	调谐速度/ms
短波长	10～30	
长波长	60～120	1～10
量子阱器件	100～240	

下面简要介绍三种基于机械控制技术的可调谐激光器。

1）基于闪耀光栅的 MEMS 可调谐激光器

基于闪耀光栅的 MEMS 可调谐激光器采用深腐蚀的旋转闪耀光栅作为外反射器，这种 MEMS 可调谐激光器的一个重要特点是涂覆光栅，而不是涂覆微透镜。此外，通过微透镜的侧面阻挡激光。该可调谐激光器以接近单纵模工作，通过选择适当的光栅参数解决跳模问题。

2）阵列集成的 MEMS 可调谐 DFB 激光器

图 6-3 为阵列集成的可调谐激光器简图。在 InP 芯片上以 $10\ \mu m$ 的物理间隔集成了具有 3 nm 波长间隔的 12 个 DFB 激光器阵列。在激射腔外边采用一个 MEMS 倾斜反射镜，将来自特定激光器的光束耦合进光纤，再调节温度以便精细地调谐波长。

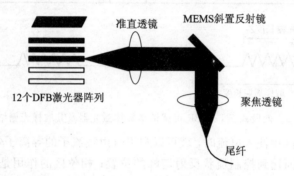

图 6-3　阵列集成的 1918 可调谐激光器简图

3）VCSEL 基 MEMS 可调谐激光器

利用 MEMS 技术静电方式控制，使谐振腔长度发生变化而改变激光波长，可获得 60 nm 的可调谐范围。

可调谐 VCSEL 的优点是：可以输出纯净、连续的光束，并可简单有效地耦合进光纤中，成本低，易于集成和批量生产，很有发展前途。

可调谐 VCSEL 的缺点是：输出功率低，调节速度为毫秒级，复杂，成本高。

北电网络开发的 VCSEL 基可调谐激光器的基本构形如图 6-4 所示，它采用一个大功率、侧面发射的泵浦光激励 MEMS 基垂直可调腔，然后通过一个侧面发射的放大器提高其功率输出。

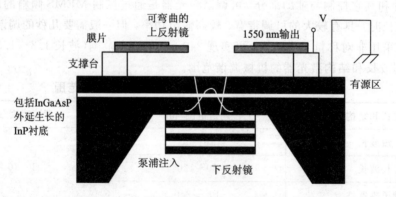

图 6-4　北电网络的 VCSEL 基可调谐激光器

Iolon 公司的 VCSEL 基可调谐激光器如图 6-5 所示，它采用了具有精密 MEMS 旋转台的小型化外腔。光束通过一个小型的体光栅衍射，安装在该台架上的一个反射镜改变了该光束的角度，并反馈不同的波长到增益芯片。

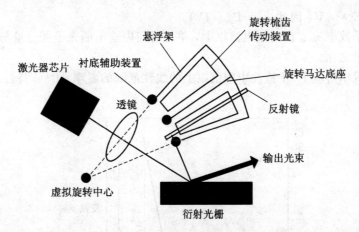

图 6-5 Iolon 公司的 MEMS 基可调谐激光器

3. 温度控制技术

温度控制技术主要应用在 DFB 结构中,其原理在于调整激光腔内温度,从而可以使之发射不同的波长。一种基于该原理技术的可调谐激光器的波长调节是依靠控制 InGaAsP DFB 激光器工作在 $-5℃\sim50℃$ 的变化实现的。模块内置有 FP 标准具和光功率检测,连续光输出的激光可被锁定在 ITU 规定的 50 GHz 间隔的栅格上。模块内有两个独立的 TEC,一个用来控制激光器的波长,另一个用来保证模块内的波长锁定器和功率检测探测器恒温工作。模块还内置有 SOA 来放大输出光功率。

这种控制技术的缺点是:单个模块调谐的宽度不宽,一般只有几个纳米,而且调谐时间比较长,一般需要几秒的调谐稳定时间。

目前可调谐激光器基本上均采用电流控制技术、温度控制技术或机械控制技术,有的供应商可能会采用这些技术的一种或两种。当然随着技术的发展,也可能会出现其它新的可调谐激光器控制技术。

6.2　可调谐激光器的主要性能指标

1. 调谐速度

调谐速度是指相隔最远的两个波长间的切换时间,单位为 ms。

2. 波长调谐范围

波长调谐范围指可调谐激光器可调节输出的激光波长范围,单位为 nm。

3. 电光转换效率

功率效率 η_P:激光器输出光功率 P_{ex} 与注入激光器的电功率之比。

$$\eta_P = \frac{P_{ex}}{V_j I + I^2 R_s} \tag{6-1}$$

内量子效率 η_i:有源区里每秒钟产生的光子数与有源区里每秒钟注入的电子－空穴对数之比。

$$\eta_i = \frac{R_r}{R_{nr} + R_r} \tag{6-2}$$

外量子效率 η_{ex}:激光器每秒钟实际输出的光子数与每秒钟外部注入的电子－空穴对数之比。

$$\eta_{ex} = \frac{P_{ex}/h_v}{I/e_0} \tag{6-3}$$

由于 $h_v \approx E_g \approx e_0 V$，因此 $\eta_{ex} \approx P_{ex}/(IV)$。

外微分量子效率 η_D：在阈值电流以上，单位时间内输出的光子变化量与引起变化的注入电子数变化量之比。

电光转换效率对应 P-I 特性中阈值以上的线性范围的斜率。P-I 特性曲线如图 6-6 所示。

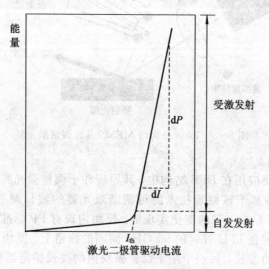

图 6-6 P-I 特性曲线

4. 温度特性

可调谐激光器随温度升高其阈值电流（激光器开始受激辐射时的正向电流）会增加；外微分量子效率下降；峰值波长向长波长方向移动。GaAlAs 和 InGaAsP 激光器的变温 P-I 曲线如图 6-7 所示。

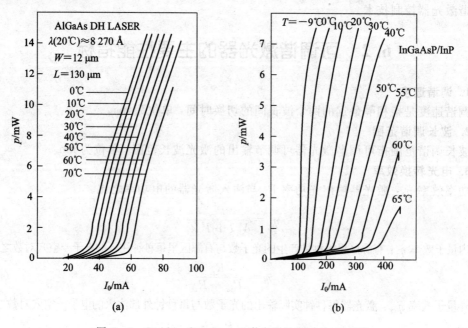

图 6-7 GaAlAs 和 InGaAsP 激光器的变温 P-I 曲线

5. 相对强度噪声

任何半导体激光器即使注入恒定的电流,其输出的光强和相位都有随机起伏,即噪声。幅度的起伏用相对强度噪声(RIN,Relative Intensity Noise)来描述,它定义为相对输出光功率的变化的功率谱密度。RIN 对光反射非常敏感,对于相位或幅度噪声敏感的系统,采用光隔离器阻止光后向反射是必要的。RIN 与光反射率的关系如图 6-8 所示。

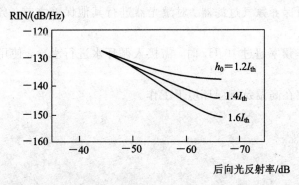

图 6-8　RIN 随光反射的变化曲线

6. 频率啁啾

当对半导体激光器进行强度调制时,载流子密度的变化会导致折射率的变化,而折射率的变化会产生相位变化,随时间变化的相位相当于频率调制。频率啁啾定义为瞬时频率相对于稳态频率的偏移。

频率啁啾由两部分组成:一部分是瞬态啁啾,另一部分为绝热啁啾。图 6-9 给出对一激光器注入 2 Gb/s 的 NRZ 脉冲电流时的频率啁啾的情况。可以看出脉冲上升沿导致频率变高(蓝移),而下降沿导致频率变低(红移)。

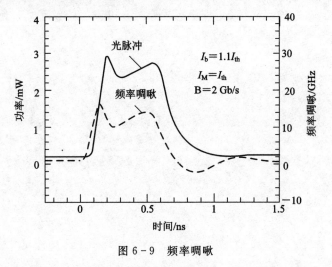

图 6-9　频率啁啾

6.3　可调谐激光器使用注意事项

(1) 使用激光器应佩戴对应 248 nm 的激光防护眼镜,绝对禁止用眼睛直视激光,佩戴防护眼镜的情况下也不能直视激光,激光防护镜仅用于外激光的反射损伤。

（2）系统上电后禁止将光纤连接器对准人眼，以免灼伤。禁止在激光光路上放置与实验无关的反光材料，避免激光反射入人眼，激光光路中不得放置易燃易爆物质。

（3）注意气瓶保护及有毒气体，使用完毕后及时关闭气瓶，每次换气后应用氦气冲洗氟气管道；气瓶的放置要稳固，防止气瓶倾倒。

（4）注意高压，激光器内置电容有高压，没有经过培训，请勿打开激光器内部进行维修，激光器内部只可保养氟气过滤器。对激光器进行其他保养之前，务必理解操作手册中的说明。

（5）激光器工作频率超过 10 Hz 时，需接入循环水进行水冷，使用完毕及时关闭循环水，避免内部积水。

（6）激光器不宜在高温及潮湿环境下工作。

第7章 取样积分器

在 20 世纪 50 年代，国外有科学家就提出了取样积分的概念和原理。1962 年，加利福尼亚大学劳伦茨实验室的 Klein 用电子技术实现了取样积分，并将这种积分器命名为 BOXCAR 积分器，该积分器通过把每个信号周期分成若干个时间间隔，间隔的大小由恢复信号所要求的精度来决定，然后对这些时间间隔的信号进行取样，并将周期中处于相同位置的取样进行积分或平均，对恢复淹没于噪声中的快速变化的微弱信号非常有效。BOXCAR 用于积分时由模拟电路实现，称之为取样积分；BOXCAR 用于平均时由计算机以数字处理的方式实现，称之为数字式平均。各个周期内取样平均信号的总体展现了待测信号的真实波形。因为信号提取（取样）是经过多次重复的，而噪声多次重复的统计平均值为零，所以 BOXCAR 积分器可大大提高信噪比，再现被噪声淹没的信号波形。

7.1 取样积分器的基本原理结构

7.1.1 取样积分原理

取样也称为抽样，是一种信息的提取方法，取样平均则包括取样与平均两个连续的过程，对取出的样本采用平均的方法去除噪声与干扰。取样积分器中的取样方式有定点与变换两种。定点式取样是反复取样被测信号波形上某个时刻点的幅度，例如被测波形的最大点或距过零点某个固定延时点的幅度，其基本原理与第 10 章锁相放大器类似。变换取样也是每个周期取样一次，但取样点沿被测波形周期从前向后逐次移动，可得到被测信号的波形，这主要介绍其中的变换取样。

1. 变换取样

对每次来到的被测脉冲取一次样，但每一次取样的位置逐渐向后或向前移动，再把每次取出的样本信号组合在一起，构成一个与原始信号相似的变换信号，如图 7-1 所示，一个被测脉冲信号连续出现 5 次，每取样一次共进行了 5次取样，得 5 个样本信号。把这 5 个样

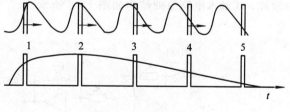

图 7-1 变换取样

本信号组合到一起就得到一个与原信号相似的新脉冲，但重新组合的新脉冲在时间上有了扩展，这就是变换取样，取样后对样本信号进行累加平均。

2. 对样本信号的累加平均

设取样门脉冲的持续时间不是很窄，逐次取样的位置依次移动很少，即 ΔT 很小，这样，上一次取样处与下一次取样处就会产生某些重叠，信号上的同一点将出现了多次取

样。由于信号中的噪声往往是无规则随机出现的，当我们把每次取样的信号累加在一起的时候，有用的信号将因多次取样而增强，而噪声因为多次累加而减弱，从而使信号的信噪比增加。根据同步积分原理，对任何伴随有噪声的重复信号，如在其出现期间进行了 m 次取样并进行了累积，以信号和噪声功率平均值来看积分前后信噪比的变化。若输入信号为 V_{si}，经过积分器 m 次积累后所得到的输出电压为

$$V_s = \sum_{i=1}^{m} V_{si} = m \overline{V}_{si} \tag{7-1}$$

输出信号平均功率为

$$P_s = m \overline{V}_{si}^2 \tag{7-2}$$

噪声电压是随机量 V_{ni}，经过 m 次积累以后，相加所得值 V_n 仍为随机变量

$$V_n = \sum_{i=1}^{\infty} V_{ni} \tag{7-3}$$

$$E(V_n) = \frac{1}{m} \sum_{i=1}^{m} E(V_{ni}) = 0 \tag{7-4}$$

$$P_n = D(V_n) = E[V_n - E(V_n)]^2 = E[V_n]^2 = \frac{1}{m^2} \sum_{i=1}^{m} D(V_{ni}) = \frac{P_{ni}}{m} \tag{7-5}$$

通过累积以后获得的信噪比为

$$\frac{P_s}{P_n} = \frac{\overline{V}_{si}^2}{P_{ni}/m} = m \frac{\overline{V}_{si}^2}{P_{ni}} \tag{7-6}$$

通过累积以后信号噪声幅值比（$SNIR$）为

$$\frac{V_s}{V_n} = \sqrt{m} \frac{V_{si}}{V_{ni}} \tag{7-7}$$

则信噪改善比 SNIR 与取样次数 m 的关系为

$$SNIR = \sqrt{m} \tag{7-8}$$

7.1.2 取样门及积分器的基本结构

一个取样积分器的核心组件是取样门和积分器，通常采用取样脉冲控制 RC 积分器来实现，使在取样时间内被取样的波形作同步积累，并将所积累的结果（输出）保持到下一次取样，其基本电路原理结构如图 7-2 所示。

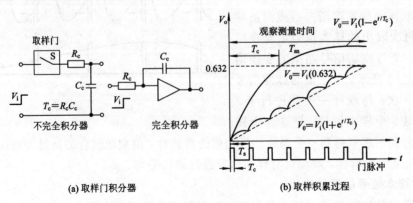

(a) 取样门积分器　　(b) 取样积累过程

图 7-2 取样积分器的工作原理

取样积分器通常有两种工作模式，即定点式和扫描式。定点式取样积分器是测量周期信号的某一瞬态平均值；扫描式取样积分器则可以恢复和记录被测信号的波形。下面分别讨论这两种模式的取样积分器的基本结构。

1. 定点式取样积分器

定点式取样积分器原理结构如图 7-3 所示，被测信号经过放大输入到取样开关，参考信号是与被测信号同频的信号，参考脉冲信号经过延时后，生成一定宽度 T_g 的取样脉冲，控制取样开关 S 的开闭，完成对输入信号被测信号的取样，然后对取样结果进行积分。

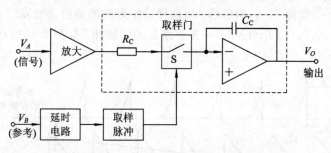

图 7-3　定点式取样积分器原理方框图

定点式取样积分器仅能在噪声中提取信号瞬时值，其功能与锁定放大器相同，不同的定点可通过手控延时电路来实现。

2. 扫描式取样积分器

在脉冲光谱测量中，光谱信号的强度往往是随时间变化的，因此，如果考虑到信号随时间的变化，一张光谱图应是三维图像，在确定的时间上，各条谱线的强度是按波长分布的，在确定的波长上，谱线强度是随时间变化的。BOXCAR 的扫描工作方式可以用来测量谱线强度随时间的变化。为了实现变换取样，就要使取样门脉冲的延时逐步增加，依次逐步扫过整个周期。扫描式取样积分器主要包括可变时延的取样脉冲和在取样脉冲控制下作同步积累这两个过程，其基本原理结构如图 7-4 所示。

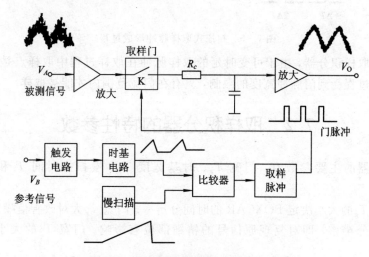

图 7-4　扫描式取样积分器原理方框图

扫描式取样积分器可得到形状与输入的被测信号相同，而在时间上大大放慢了的输出波形，故扫描式取样积分器能在噪声中提取信号并恢复波形。

扫描式取样脉冲的产生，如图 7-5 所示，参考信号是与原信号周期 T 同步的一列窄脉冲。在其触发下，触发整形输出一个高度与宽度适当的尖脉冲，如图 7-5(a) 所示，用它去触发时基电路，时基电路产生一列周期为 T、宽度为 $T_B(T_B \leqslant T)$ 的快斜波电压。与此同时，由扫描发生器产生一个宽度为 T_{SR} 的慢斜波电压。这两个斜波电压同时加到比较器的两个输入端，比较器对这两个电压进行比较，如图 7-5(b) 所示。在比较时，当快斜波电压超过慢斜波电压时，比较器输出正电位，反之，比较器输出负电位，于是在慢斜波的周期 T_{SR} 内，比较器产生一列宽度逐渐变窄的矩形波电压，如图 7-5(c) 所示。其矩形波下降沿对应的负触发脉冲，如图 7-5(d) 所示。用这样的矩形波的前沿去触发门发生器，就可得到时间延迟为 ΔT，$2\Delta T$，$3\Delta T$，$4\Delta T$……逐步增加的门脉冲，如图 7-5(e) 所示。

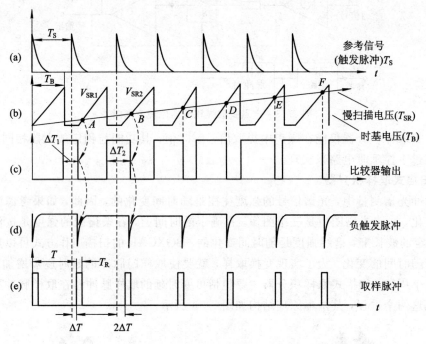

图 7-5　扫描式取样脉冲形成过程

对扫描式取样积分器，由于可变时延的取样脉冲在取样过程中取样点是逐渐变化的，所以它的取样过程受到门脉冲宽度的限制，只有在门宽范围内才能被取样。

7.2　取样积分器的特性参数

取样积分器的主要参数有：门宽 T_g、时基宽度 T_b、慢扫描时间 T_s 和积分时间常数 T_c。

(1) 门宽 T_g 的大小决定 BOXCAR 的时间分辨率。门宽 T_g 大对改善信噪比有好处，但它会影响时间分辨率，即对复现原信号的精细部位有影响。门宽 T_g 的大小可用下式来估算：

$$T_g \leqslant \frac{0.42}{f_n}$$

式中 f_n 为信号中的最高谐波频率。

(2) 时基宽度 T_b 由被测信号的宽度决定。T_b 应稍大于被测信号宽度,小于信号周期 T。

(3) 积分时间 $T_c = RC$,根据 SNIR 要求选择。SNIR 与有效取样次数 m 和门宽 T_g 有关。当 $m \cdot T_g \geq 2T_c$ 时,增加 m 不再增大 SNIR,由下式可求得 T_c:

$$T_c \geq \frac{T_g}{2}(\text{SNIR})^2$$

有些仪器(如 Stanford system SR250)需选择的是有效取样次数 m 为

$$m = \frac{2T_c}{T_g}$$

(4) 慢扫描时间 T_s 是完成一个波形恢复的实际测量时间,设被测信号的重复频率为 f,则在 T_s 时间内的取样次数 $n_s = T_s f$。在取样过程中,门脉冲的延时逐步增加 $\Delta t, 2\Delta t, 3\Delta t, 4\Delta t \cdots$,$\Delta t$ 应为

$$\Delta t = \frac{T_b}{n_s} = \frac{T_b}{T_s \cdot f}$$

另外,由于 $\Delta t \ll T_g$,取样脉冲产生某些重叠,因此在门宽 T_g 时间内的取样总次数应为

$$n_s = \frac{T_g}{\Delta t} = \frac{T_g \cdot T_s \cdot f}{T_b}$$

第8章 光时域反射仪

光时域反射仪（Optical Time Domain Reflectometer）是在电信领域上用来测量光纤特性的仪器。光时域反射仪可以用来测量光纤的长度、衰减，包括光纤的熔接处及转接处皆可测量。在光纤断掉时也可以用来测量中断点。

光时域反射仪（OTDR）根据光的后向散射与菲涅耳反向原理制作，利用光在光纤中传播时产生的后向散射光来获取衰减的信息，可用于测量光纤衰减、接头损耗、光纤故障点定位以及了解光纤沿长度的损耗分布情况等，是光缆施工、维护及监测中必不可少的工具。

8.1 光时域反射仪的工作原理

光时域反射仪会打入一连串的光突波进入光纤来检验。检验的方式是由打入突波的同一侧接收光讯号，因为打入的讯号遇到不同折射率的介质会散射及反射回来。反射回来的光讯号强度会被测量到，并且是时间的函数，因此可以将之转算成光纤的长度。利用光在光纤中传播时产生的后向散射光来获取衰减的信息，可用于测量光纤衰减、接头损耗、光纤故障点定位以及了解光纤沿长度的损耗分布情况等。

8.1.1 OTDR 测量仪组成

1. 光学部分

（1）半导体激光二极管：产生激光脉冲输入到被测光纤中。

（2）耦合器：将激光脉冲耦合到光纤中，同时将从光纤中散射回来的光信号耦合到光电探测器上。

（3）光纤适配器与光纤跳线：用于连接两段光纤。

2. 电子部分

（1）光电探测器：将返回的散射光信号转换为电信号。

（2）放大器：将返回的散射光信号放大，同时也放大由光信号转成的电信号。

（3）电源：供电给激光二极管、光电探测器和放大器。

3. 数据采集

（1）数据采集卡：需要频率很高（如 100 MHz）的数据采集卡来采集信号才能得到高的分辨率。

（2）微机处理器：用来处理测量采集到的信号。

4. 测量软件

通过软件处理，将光纤损耗沿长度的分布以曲线的形式显示出来。

8.1.2　光时域反射仪的原理结构

OTDR 的工作原理就类似于一个雷达。它先对光纤发出一个信号，然后观察从某一点上返回来的是什么信息。这个过程会重复地进行，然后将这些结果进行平均并以轨迹的形式来显示，这个轨迹就描绘了在整段光纤内信号的强弱（或光纤的状态）。

光时域反射仪（OTDR）工作原理图如图 8-1 所示。激光二极管发出一个窄脉冲光信号，通过光纤耦合器注入到光纤中。沿光纤各 l 点上，都会产生瑞利散射。瑞利散射光中有一部分传输方向是与入射光相反的，这部分背向瑞利散射光通过光纤耦合器，进入光电探测器，经过处理后得到的背向散射测量曲线如图 8-2 所示。

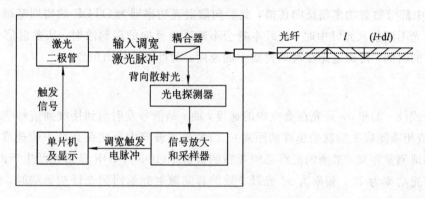

图 8-1　OTDR 的工作原理示意图

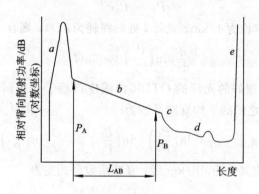

图 8-2　背向散射测量的典型记录曲线

图 8-2 中各段分别反映如下特性。a：由于耦合部件和光纤前端面引起的菲涅耳反射脉冲；b：光脉冲沿具有均匀损耗的光纤段传播时的背向瑞利散射曲线；c：由于接头或耦合不完善引起的损耗，或由于光纤存在某些缺陷引起的高损耗区；d：光纤断裂处，此处损耗峰的大小反映出损坏的程度；e：光纤末端引起菲涅耳反射脉冲。

因此，利用 OTDR 测出的回波曲线，就可以测出光纤的平均损耗、接头损耗、光纤长度和断点位置。

对于菲涅耳反射光，设入射光功率为 P_{fin}，反射光功率为 P_{fre}，则由菲涅耳公式可得

$$P_{\text{fre}} = P_{\text{fin}} \left(\frac{n_1 \cos\theta_1 - n_2 \cos\theta_2}{n_1 \cos\theta_1 + n_2 \cos\theta_2} \right)^2 \tag{8-1}$$

其中 θ_1、θ_2 分别为入射角和折射角,其反射率(用 dB 表示)为

$$R_f(\text{dB}) = 10 \lg(R_f) = 10 \lg\left[\frac{P_{fre}}{P_{fin}} \cdot \left(\frac{n_1\cos\theta_1 - n_2\cos\theta_2}{n_1\cos\theta_1 + n_2\cos\theta_2}\right)^2\right] \tag{8-2}$$

至于瑞利散射,它是由介质材料的随机分子结构相联系的本征介质常数分布的微观不均匀性所引起的电磁波的散射损耗。在微观分子尺度上来看,当电磁波沿介质传播时,可以从单个分子产生散射,这种散射使波的传播受到阻碍,从而使速度减慢,产生相位滞后。偏离出原来波的传播方向的散射光有随机的相位,这些随机相位的散射子波大部分能相互抵消,而沿传播方向的散射光则相干叠加继续向前传播,其速度为 $c/\sqrt{\varepsilon}$ 或 c/n。与此同时,尚有少量由分子散射的不相干光没有完全抵消,这些子波逸出传输光束从而形成瑞利散射损耗,其中部分散射功率朝反向传播,此后向散射光功率即为 OTDR 的物理基础。

当激光不断射入光纤中时,光纤本身会不断产生反向的瑞利散射,从发射信号到返回信号所用的时间,再确定光在玻璃物质中的速度,就可以计算出距离。

$$d = \frac{c \times t}{2\text{IOR}} \tag{8-3}$$

在公式(8-3)里,c 是光在真空中的速度,而 t 是信号发射后到接收到信号(双程)的总时间(两值相乘除以 2 后就是单程的距离)。因为光在玻璃中要比在真空中的速度慢,所以为了精确地测量距离,被测的光纤必须要指明折射率(IOR)。IOR 是由光纤生产商来标明。

入射光功率为 P_0,频率为 ν。光纤 l 处的背向散射光返回到光纤初始端时,经过的路程为 $2l$,则背向散射光功率为

$$P_S = P_0 e^{-2\alpha l} \tag{8-4}$$

其中,α 为损耗系数,单位为 1/km。光纤 l 处的损耗为 $\alpha(l)$,则有

$$\frac{d}{dz}\left[\ln\left(\frac{P_s}{P_0}\right)\right] = 2\alpha(l) \tag{8-5}$$

由式(8-5)可知一根好的光纤的 OTDR 曲线应该趋于一条斜率不变的直线。根据式(8-5),光纤中 l_1 和 l_2 之间的平均衰减系数为

$$\alpha_{12} = \frac{1}{2l_{12}}\left[\ln\left(\frac{P_1}{P_0}\right) - \ln\left(\frac{P_2}{P_0}\right)\right] = \frac{1}{2l_{12}}\ln\left(\frac{P_1}{P_2}\right) \tag{8-6}$$

上式的量纲为 1/km,将其化为 dB/km 后,衰减系数公式变为

$$\alpha_{12} = \frac{10}{2l_{12}}\lg\left(\frac{P_1}{P_2}\right) \tag{8-7}$$

图 8-2 中纵坐标为对数坐标,因此背向散射光功率是一条直线。

OTDR 使用瑞利散射和菲涅尔反射来表征光纤的特性。瑞利散射是由于光信号沿着光纤产生无规律的散射而形成。OTDR 就测量回到 OTDR 端口的一部分散射光。这些背向散射信号就表明了由光纤而导致的衰减(损耗/距离)程度。形成的轨迹是一条向下的曲线,它说明了背向散射的功率不断减小,这是由于经过一段距离的传输后发射和背向散射的信号都有所损耗。

菲涅尔反射是离散的反射,它是由整条光纤中的个别点而引起的,这些点是由造成反向系数改变的因素组成,例如玻璃与空气的间隙。在这些点上,会有很强的背向散射光被反射回来。因此,OTDR 就是利用菲涅尔反射的信息来定位连接点,光纤终端或断点。

8.2　光时域反射仪的主要指标参数

1. 测试距离

由于光纤制造以后其折射率基本不变，因此光在光纤中的传播速度不变，这样测试距离和时间就是一致的，实际上测试距离就是光在光纤中的传播速度乘上传播时间，对测试距离的选取就是对测试采样起始和终止时间的选取。测量时选取适当的测试距离可以生成比较全面的轨迹图，对有效的分析光纤的特性有很好的帮助，通常根据经验，选取整条光路长度的 1.5～2 倍之间最为合适。

2. 脉冲宽度

脉冲宽度可以用时间表示，也可以用长度表示，很明显，在光功率大小恒定的情况下，脉冲宽度的大小直接影响着光的能量的大小，光脉冲越长光的能量就越大。同时脉冲宽度的大小也直接影响着测试死区的大小，也就决定了两个可辨别事件之间的最短距离，即分辨率。显然，脉冲宽度越小，分辨率越高，脉冲宽度越大，分辨率越低。

3. 折射率

折射率就是待测光纤实际的折射率，这个数值由待测光纤的生产厂家给出，单模石英光纤的折射率大约在 1.4～1.6 之间。越精确的折射率对提高测量距离的精度越有帮助。这个问题对配置光路由也有实际的指导意义，实际上，在配置光路由的时候应该选取折射率相同或相近的光纤进行配置，尽量减少不同折射率的光纤芯连接在一起形成一条非单一折射率的光路。

4. 测试光波长

测试光波长就是指 OTDR 激光器发射的激光的波长，波长越短，瑞利散射的光功率就越强，在 OTDR 的接收段产生的轨迹图就越高，所以 1310 nm 的脉冲产生的瑞利散射的轨迹图样就要比 1550 nm 产生的图样要高。但是在长距离测试时，由于 1310 nm 衰耗较大，激光器发出的激光脉冲在待测光纤的末端会变得很微弱，这样受噪声影响较大，形成的轨迹图就不理想，所以宜采用 1550 nm 作为测试波长。在高波长区（1500 nm 以上），瑞利散射会持续减少，但是一个红外线衰减（或吸收）就会产生，因此 1550 nm 就是一个衰减最低的波长，适合长距离通信。所以在长距离测试的时候适合选取 1550 nm 作为测试波长，而普通的短距离测试选取 1310 nm 为宜，视具体情况而定。

5. 平均值

为了在 OTDR 形成良好的显示图样，根据用户需要动态的或非动态的显示光纤状况而设定的参数。由于测试中受噪声的影响，光纤中某一点的瑞利散射功率是一个随机过程，要确知该点的一般情况，减少接收器固有的随机噪声的影响，需要求其在某一段测试时间的平均值。根据需要设定该值，如果要求实时掌握光纤的情况，那么就需要设定平均值时间为 0，而看一条永久光路，则可以用无限时间。

6. 动态范围

初始背向散射电平与噪声低电平的 dB 差值被定义为 OTDR 的动态范围。其中，背向散射电平初始点是入射光信号的电平值，而噪声低电平为背向散射信号为不可见信号。动态范围的大小决定 OTDR 可测光纤的距离。当背向散射信号的电平低于 OTDR 噪声时，它就成为不可见信号。

随着光纤熔接技术的发展，人们可以将光纤接头的损耗控制在 0.1 dB 以下，为实现对整条光纤的所有小损耗的光纤接头进行有效观测，人们需要大动态范围的 OTDR。增大 OTDR 动态范围主要有两个途径：增加初始背向散射电平和降低噪声低电平。

影响初始背向散射电平的因素是光的脉冲宽度。影响噪声低电平的因素是扫描平均时间。多数的型号 OTDR 允许用户选择注入被测光纤的光脉冲宽度参数。在幅度相同的情况下，较宽的脉冲会产生较大的反射信号，即产生较高的背向散射电平，也就是说，光脉冲宽度越大，OTDR 的动态范围越大。

OTDR 向被测的光纤反复发送脉冲，并将每次扫描的曲线平均，得到结果曲线，这样，接收器的随机噪声就会随着平均时间的加长而得到抑制。在 OTDR 的显示曲线上体现为噪声电平随平均时间的增长而下降，于是，动态范围会随平均时间的增大而加大。在最初的平均时间内，动态范围性能的改善显著，在接下来的平均时间内，动态范围性能的改善显著，在最后的平均时间内，动态范围性能的改善会逐渐变缓，也就是说，平均时间越长，OTDR 的动态范围就越大。

目前有两种定义动态范围的方法。

（1）峰值法：它测到噪声的峰值，当散射功率达到噪声峰值即认为不可见。

（2）SNR＝1 法：这里动态范围测到噪声的 rms 电平为止，对于同样性能的 OTDR 来讲，其指标高于峰值定义大约为 2.0 dB，如图 8-3 所示。大多数动态范围规格是使用此方法。

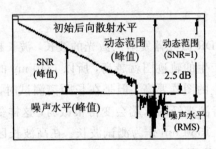

图 8-3　动态范围

7. 后向散射系数

如果连接的两条光纤的后向散射系数不同，就很有可能在 OTDR 上出现被测光纤是一个增益器的现象，这是由于连接点的后端散射系数大于前端散射系数，导致连接点后端反射回来的光功率反而高于前面反射回的光功率的缘故。遇到这种情况，建议大家用双向测试平均取值的办法来对该光纤进行测量。

8. 盲区

盲区由 Fresnel 反射产生，由于反射淹没散射并且使得接收器饱和引起，通常分为衰减盲区和事件盲区两种情况。

（1）事件盲区：事件盲区是 Fresnel 反射后 OTDR 可在其中检测到另一个事件的最小距离。换而言之，是两个反射事件之间所需的最小光纤长度。例如当你的眼睛由于对面车的强光刺激睁不开时，过几秒种后，你会发现路上有物体，但你不能正确识别它。OTDR

可以检测到连续事件，但不能测量出损耗。OTDR 合并连续事件，并对所有合并的事件返回一个全局反射和损耗。为了建立规格，从 OTDR 接收到的反射点开始到 OTDR 恢复的最高反射点 1.5 dB 以下的这段距离，这里可以看到是否存在第二个反射点，但是不能测试衰减和损耗，如图 8-4 所示。还可以使用另外一个方法，即测量从事件开始直到反射级别从其峰值下降到 −1.5 dB 处的距离。该方法返回一个更长的盲区，制造商较少使用。

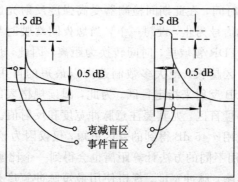

图 8-4　盲区示意图

使得 OTDR 的事件盲区尽可能短是非常重要的，这样才可以在链路上检测相距很近的事件。例如，在建筑物网络中的测试要求 OTDR 的事件盲区很短，因为连接各种数据中心的光纤跳线非常短。如果盲区过长，一些连接器可能会被漏掉，技术人员无法识别它们，这使得定位潜在问题的工作更加困难。

（2）衰减盲区：衰减盲区是 Fresnel 反射之后，OTDR 能在其中精确测量连续事件损耗的最小距离。还使用以上例子，经过较长时间后，眼睛充分恢复，能够识别并分析路上可能的物体的属性。检测器有足够的时间恢复，以使得其能够检测和测量连续事件损耗。所需的最小距离是从发生反射事件时开始，直到反射降低到光纤的背向散射级别的 0.5 dB，如图 8-4 所示。

短衰减盲区使得 OTDR 不仅可以检测连续事件，还能够返回相距很近的事件损耗。例如，可以得知网络内短光纤跳线的损耗，这可以帮助技术人员清楚了解链路内的情况。

8.3　使用光时域反射仪应注意的问题及常见问题分析

8.3.1　使用注意事项

（1）光输出端口必须保持清洁，光输出端口需要定期使用无水乙醇进行清洁。

（2）仪器使用完后将防尘帽盖上，同时必须保持防尘帽的清洁。

（3）定期清洁光输出端口的法兰盘连接器，如果发现法兰盘内的陶瓷芯出现裂纹和碎裂现象，必须及时更换。

（4）适当设置发光时间，延长激光源的使用寿命。

8.3.2　常见问题分析

1. 测得曲线毛糙，不平滑现象的可能原因

（1）测试仪表插口损坏（换插口）；

（2）测试尾纤连接不当（重新连接）；

（3）测试尾纤问题（更换尾纤）；

（4）线路终端问题（重新接续，在进行终端损耗测量时可介入假纤进行测试）。

2. 盲区分析

事件盲区和衰减盲区都由 Fresnel 反射产生，用随反射功率的不同而变化的距离（米）来表示。盲区定义为持续时间，在此期间检测器受高强度反射光影响暂时"失明"，直到它恢复正常能够重新读取光信号为止，设想一下，当您夜间驾驶时与迎面而来的车相遇，您的眼睛会短期失明。在 OTDR 领域里，时间转换为距离，因此，反射越多，检测器恢复正常的时间越长，导致的盲区越长。绝大多数制造商以最短的可用脉冲宽度以及单模光纤－45 dB、多模光纤－35 dB 反射来指定盲区。为此，阅读规格表的脚注很重要，因为制造商使用不同的测试条件测量盲区，尤其要注意脉冲宽度和反射值。例如，单模光纤－55 dB 反射提供的盲区规格比使用－45 dB 得到的盲区更短，仅仅因为－55 dB 是更低的反射，检测器恢复更快。此外，使用不同的方法计算距离也会得到一个比实际值更短的盲区。

盲区也受其他因素影响：脉冲宽度。规格使用最短脉冲宽度是为了提供最短盲区。但是，盲区并不总是长度相同，随着脉冲变宽，盲区也会拉伸，增加脉冲宽度虽然增加了测量长度，但也增大了测量盲区，所以，我们在测试光纤时，对 OTDR 附件的光纤和相邻事件点的测量要使用窄脉冲，而对光纤远端进行测量时要使用宽脉冲。使用最长的可能的脉冲宽带会导致特别长的盲区，然而这有不同的用途。

3. 假反射峰（鬼影）的形成原因

假反射峰是由于光在较短的光纤中，到达光纤末端 B 产生反射，反射光功率仍然很强，在回程中遇到第一个活动接头 A，一部分光重新反射回 B，这部分光到达 B 点以后，在B 点再次反射回 OTDR，这样在 OTDR 形成的轨迹图中会发现在噪声区域出现了一个反射现象，如图 8－5 所示。

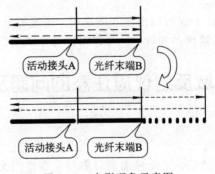

图 8－5 鬼影现象示意图

4. OTDR 的"增益"现象

由于光纤接头是无源器件，所以，它只能引起损耗而不能引起"增益"。OTDR 通过比较接头前后背向散射电平的测量值来对接头的损耗进行测量。如果接头后光纤的散射系数较高，接头后面的背向散射电平就可能大于接头前的散射电平，抵消了接头的损耗，从而引起所谓的"增益"。在这种情况下，获得准确接头损耗的唯一方法是：用 OTDR 从被测光纤的两端分别对该接头进行测试，并将两次测量结果取平均值。这就是双向平均测试法，是目前光纤特性测试中必须使用的方法。

5. OTDR 能否测量不同类型的光纤

如果使用单模 OTDR 模块对多模光纤进行测量，或使用一个多模 OTDR 模块对诸如芯径为 62.5 mm 的单模光纤进行测量，光纤长度的测量结果不会受到影响，但诸如光纤损耗、光接头损耗、回波损耗的结果却都是不正确的。这是因为，光从小芯径光纤入射到大芯径光纤时，大芯径不能被入射光完全充满，于是在损耗测量上引起误差，所以，在测量光纤时，一定要选择与被测光纤相匹配的 OTDR 进行测量，这样才能得到各项性能指标均正确的结果。

第9章 其他常用光电仪器

9.1 光子计数器

在某些光谱测量中，常常会遇到测量非常微弱的光信号，被测光的强度仅有 $10^{-18} \sim 10^{-17}$ W，甚至更低。这样的光功率水平比室温下光电倍增管的热噪声水平（10^{-14} W）还要低 $2 \sim 3$ 个数量级。在这种情况下采用通常的检测入射光强度的方法已经不适用，而此时需要采用以光的粒子性为基础的光子计数技术。

光子的能量与波长有关，一个光子的能量为 $E = h\upsilon = hc/\lambda$。对于波长为 600 nm 的光，一个光子的能量约为 3.3×10^{-19} J。光功率 P 与光子流 $\varPhi$（光子数/S）的关系为

$$P(W) = \varPhi \cdot E$$

因此在非常微弱的光测量中，如果我们能测出入射的光子流 $\varPhi$，就可以相应地计算出入射光的功率水平。

9.1.1 工作原理

光子计数器是由光电倍增管、放大器、鉴别器、计数器等几部分组成，基本结构如图 9-1 所示。

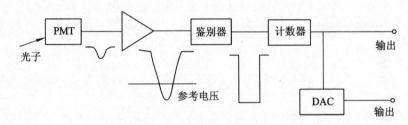

图 9-1 光子计数器基本结构框图

被测光束射到光电倍增管的光阴极上，一般光电倍增管有 $10 \sim 12$ 个倍增极。设每个倍增极产生 $3 \sim 4$ 个次级光子，如果有光作用下光阴极发射一个电子，经过逐级倍增，到达阳极时可得大约 $(3 \sim 4)^{12} \approx 10^6$ 个电子。这些电子几乎同时到达阳极，对阳极电容进行瞬间充电，形成一个光电脉冲。阳极输出的脉冲电压为 $1 \sim 10$ mV，脉冲宽度约 $3 \sim 4$ ns。这些脉冲被前置放大器放大后，将在输出端输出一系列振幅较大的电压脉冲。在倍增极上产生的噪声所形成的脉冲幅度小于光阴极上的信号脉冲，这些高低不同的电压脉冲将成为脉冲高度鉴别器的输入信号。如果已知光阴极在入射光波长的量子效率，可以用计数脉冲数的方法推算出光子流的强度。

鉴别器的控制方式如图 9-2 所示，即鉴别器电平的设置方式，有单电平鉴别、窗鉴别和校正鉴别方式。对于单电平鉴别，只要输入脉冲幅度大于第一鉴别电平 V_1，就得到一个

输出，这样可将光阴极的热发射噪声去除；在窗鉴别方式时，鉴别器设置两个鉴别电平 V_1 和 V_2，只有输入脉冲幅度在两个鉴别电平之间，方可获得输出；在校正鉴别方式时，同样有两个鉴别电平 V_1 和 V_2，若输入脉冲幅度小于鉴别器阈值 ΔV，则输出为一个脉冲，如果大于鉴别电平 V_1 和 V_2，则输入两个脉冲，这就校正了因脉冲堆积造成的漏计数。对于脉冲高度分析（PHA），则 V_1 和 V_2 非常接近，ΔV 很小且固定，但电压 V 则从零到最大值以一定速度扫描（如 $5 \sim 10$ 次/S）。输出接示波器，可看到从 PMT 输出完整的脉冲分布。预定标方案适用于非常高的计数速率，并允许仪器用于较慢速度的数字计数设备。

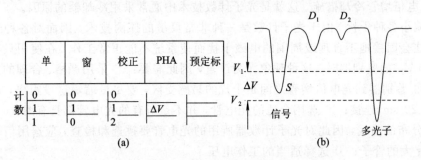

图 9 - 2　鉴别器的电平设置方式

实际上光电倍增管的各个电极，尤其是光阴极与第一倍增极，除光电子发射外，还会有热电子发射。这些热电子也会被以后各级所倍增，并在阳极输出一个电脉冲，它们与入射光无关，称为暗电流脉冲。

光子计数系统须满足两个要求：一是光电倍增管及后继电路的分辨时间须足够短，以保证每一个光电脉冲的分辨时间不被展宽，一般要求能分辨出时间间隔为 10 ns 的两个脉冲；二是必须将信号光电脉冲从暗噪声脉冲中鉴别出来。光子计数技术改善信噪比的提高主要从以下两个方面：鉴别器对噪声的抑制；计数器长时间计数的平均统计。前面说过，由于信号的窄脉冲性质，从频谱上很难区分信号与噪声，但是，从幅度上看，信号与噪声还是有区别的。如图 9 - 2 所示，信号幅度的脉冲落在 V_1 和 V_2 之间（图 9 - 2(b) 中 S 段），比光电倍增管暗电流噪声脉冲 V_1 大，而比强干扰噪声脉冲 V_2 小。因此，利用鉴别器筛选出幅度在 V_1 和 V_2 之间的脉冲，就实现了对噪声的抑制。

对于输入光子速率为 R_s，量子效率为 η 的光电倍增管，在 Δt 时间内，平均光子计数 S 为

$$S = \eta R_s \Delta t \tag{9 - 1}$$

设光阴极的暗电流噪声速率为 R_0，计数 S 中的噪声 N 将为

$$N = \sqrt{(\eta R_s + R_0)\Delta t} \tag{9 - 2}$$

探测信噪比则为

$$\frac{S}{N} = \frac{\eta R_s}{\sqrt{\eta R_s + R_0}} \sqrt{\Delta t} \tag{9 - 3}$$

可见探测信噪比和计数时间的平方根成正比。当然，这是减小光子随机涨落的结果。

通过计数器对通过鉴别器后的光子个数进行计数，然后对计数结果进行转换显示，或通过 DA 转换由模拟信号的大小来表示光线的能量。光子计数技术的测量上限受脉冲堆积效应的限制，最大输入光子速率大约在 $10^7 \sim 10^8$ 光子/S，即功率约为 $10^{-10} \sim 10^{-11}$ W 量级。而光子计数技术的下限主要受光阴极暗电流噪声的限制，最小可探测光子速率约在

1^{-10}光子/S左右，即可探测光功率在10^{-16} W量级，已达到单光子探测水平。

9.1.2 注意事项

使用光子计数技术时，要注意的问题：

（1）减少光阴极暗电流。在鉴别器选出的幅度为V_1到V_2之间的脉冲中，既包括信号，也包括由光阴极发射的暗电流的噪声脉冲，因为这两者在光电倍增管中所经历的放大是一样的，因此，减小光阴极暗电流是关键问题，这需要：① 尽量选用暗电流小的光电倍增管；② 采用光电倍增管冷却措施，这就是光子计数技术中通常采用冷却器的原因。

（2）减小各种干扰。由于光子计数是一种非常灵敏的探测技术，因而对各种干扰十分敏感，往往会因接地不合理或周围的电磁干扰而使系统不能正常工作。在使用只有一个鉴别电平（即V_1）的鉴别器时，这种现象尤为严重，因此需要：① 采用严格、合理的接地和屏蔽措施；② 鉴别器到光电倍增管之间是干扰的易感受区，要尽量缩短这段距离，以便采用短电缆（<20 cm）连接；③ 选用合适的光电管，并不是所有的光电管都具有图9-2所示的脉冲幅度分布的曲线，因此对光子计数器所用的光电管要挑选和检查，应选用信号峰高而窄、峰谷比大的管子；④ 选择适当的工作电压。

9.2 光 功 率 计

光功率计是测量光信号强度的设备。对于任何光纤传输系统的生产制造、安装、运行和维护，光功率测量是必不可少的。在光纤领域，没有光功率计，任何工程、实验室、生产车间或电话维护设施都无法工作，光功率计可用于测量激光光源和LED光源的输出功率；用于确认光纤链路的损耗估算；其中最重要的是，它是测试光学元器件（光纤、连接器、接续子、衰减器等）的性能指标的关键仪器。

9.2.1 工作原理

被测光线通过光路传输后，由接收器吸收并转换为电压信号，该电压信号经斩波调制型直流放大器放大输入到峰值保持器中，经A/D转换成功率的数字信号，再经译码器变为十进制数通过驱动电路在显示屏上显示出来。

9.2.2 主要技术参数

1. 最小可发觉功率

它是功率计达到满刻度电流时的噪音功率的水平。满刻度电流值通常在用户手册中会给出。例如，Newport 2935-C功率计在直流电流测量模式中满刻度电流为250 nA。

功率计使用108 dB作为典型的SNR（信噪比），SNR定义如下式

$$\text{SNR(dB)} = 20 \lg \left(\frac{A_{\text{signal}}}{A_{\text{noise}}} \right) \tag{9-4}$$

设信号和噪音之间的比由下式给出。噪音值通常被量化（将模拟信号转换成数字信号的过程），并且通常通过模拟和数字滤波器来获得低频噪声。

$$\left(\frac{A_{\text{signal}}}{A_{\text{noise}}} \right) = 2.51 \times 10^5 \tag{9-5}$$

假设功率计有最敏感探测能力,以满刻度电流(250 nA)为被测信号强度 A_{signal},计算出噪声 A_{noise} 为

$$A_{\text{noise}} = \frac{A_{\text{signal}}}{2.51 \times 10^5} = \frac{250 \text{ nA}}{2.51 \times 10^5} = 1 \text{ pA} \tag{9-6}$$

在这里,1 pA 是被量化的噪音电流并被当作最小可发觉电流。要与获得的噪音功率的响应度的值区分开。假定灵敏度为 1 A/W,则 2935-C 功率计的噪音功率的水平或最小可发觉功率为

$$1 \text{ pA} \times \frac{1}{1 \text{ A/W}} = 1 \text{ pW} \tag{9-7}$$

必须记得,最小的可发觉功率与量化的噪音功率水平是等同的,而且它与最小可测量功率不是一个概念。

2. 最小可测量功率

当用功率计来测量时,在量化过程中由于噪音产生的错误是不可避免的。目标是尽量将错误减小到最少以获得最高的精准度。如果遇到:错误大部分是由于量化噪音产生时,使用者在测量中能通过测量允许的最大错误估计出最小可测量功率。

通过最小可发觉功率除以最大可允许错误来获得最小可测量功率,例如:

当可允许错误水平为 10% 的时候,最小可测量功率为:1 pW/10% = 10 pW。

当可允许错误水平为 1% 的时候,最小可测量功率为 1 pW/1% = 100 pW。

因此,如果使用者的可允许错误水平是 1%,那么对于他的系统的最小可测量功率就是 100 pW。如果功率计能检测低于 100 pW 的水平,例如降到 1 pW,则测量错误会按比例地增加。

当使用者在测量中考虑最小可测量功率的时候,需要考虑的不只有功率计的噪音,还有探测器的噪音。探测器噪音水平能根据 NEP(等效噪声功率)或最小可发觉功率规格计算出来。

文中以 1918C 型手持式光功率计为例介绍光功率计的主要特性指标参数,具体请参考附录六。

9.2.3 光功率计在应用选择中应注意的问题

针对具体应用,在选择光功率计时应该注意以下各点:

第一,选择最优的探头类型和接口类型,光探头是最应仔细选择的部件。光探头是一个固态光电二极管,它从光纤网络中接收耦合光,并将之转换为电信号。可以使用专用的连接器接口(仅适用一种连接类型)输入到探头,或用通用接口 UCI(使用螺扣连接)适配器。UCI 能接受绝大多数工业标准连接器。基于选定波长的校准因子,光功率计电路将探头输出信号转换,把光功率读数以 dBm 方式显示(绝对 dB 等于 1 mW,0 dBm=1 mW)在屏幕上。选择光功率计最重要的标准是使光探头类型与预期的工作波长范围相匹配。

第二,评价校准精度和制造校准程序,与你的光纤和接头要求范围相匹配,即:光纤和连接器的性能标准与你的系统要求相一致。应分析是什么原因导致用不同的连接适配器测量值不确定,充分考虑其他的潜在误差因素是很重要的,虽然 NIST(美国国家标准技术研究所)建立了美国标准,但是来自不同生产厂家相似的光源、光探头类型、连接器的频谱是不确定的。

　　第三，确定选择的型号与用户的测量范围和显示分辨率相一致。以 dBm 为单位表示，包括输入信号的最小/最大范围(这样光功率计可以保证所有精度)，线性度(BELLCORE确定为＋0.8 dB)和分辨率(通常 0.1 dB or 0.01 dB)是否满足应用要求。

　　第四，确定是否具备直接插入损耗测量的 dB 功能。大多数光功率计具备 dB 功能(相对功率)，直接读取光损耗在测量中非常实用。低成本的光功率计通常不提供此功能。没有 dB 功能，技术人员必须记下单独的参考值和测量值，然后计算其差值。所以 dB 功能给使用者以相对损耗测量，因而提高生产率，减少人工计算错误。

　　现在，用户对光功率计具有的基本特性和功能的选择已经减少，但是，部分场合要考虑特殊需求，即包括计算机采集数据记录、外部接口等。

第二部分 光电仪器的使用方法及实验

第 10 章　SR530 锁相放大器的使用方法及实验

SR530 型锁相放大器为美国普林斯顿应用研究公司(PARC)的最新产品,其输入可以为低噪声电流和电压,具有跟踪带通和交流电网陷波滤波器,能达到 10 nV 或 100 fA 满量程灵敏度、动态储备高达 80 dB,允许 0.5 Hz~100 kHz 参考频率,有四个 A/D 输入,两个 D/A 输出,拥有 GPIB, RS-232 接口及内参考振荡器,其控制面板及其主要性能指标如附录一所示。

10.1　使用方法

SR530 的外形结构如附录二所示。下面就其结构分布介绍仪器的使用方法。

10.1.1　前面板

前面板上每一个按键的变化都可反映在 LED 状态指示器或数字显示器上。下面从左到右讨论前面板的各部分。

1. 信号输入

有三个输入连接器位于前板的信号输入部分,如图 10-1 所示。双闸开关位于 B 输入上方,用于选择输入模式,输入方式可分为单端电压输入模式(A)、差分电压输入模式(A-B)、电流输入模式(I)。

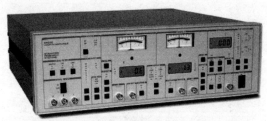

(a) 正面

(b) 背面

图 10-1　锁相放大器 SR530 的外形结构

输入端 A 和 B 是输入阻抗为 100 M，25 pF 输入端。它们的连接线的屏蔽层通过 10 Ω 电阻与公共地相连。这些输入端具有 100 V 直流输入保护，但是交流输入电压峰值不能超过 10 V。最大的交流过载电压输入为 1 V。

电流输入端是一对地阻抗为 1000 Ω 的电流输入端口。最大的允许直流过载电流为峰值 1 μA。目前，还没有允许大于 10 mA 输入电流的锁相放大器。转化率是 10^6 V/A，因此，当最大的交流输入的峰值为 1 μA 时，满刻度电流灵敏度范围从 100 fA 到 500 nA。当使用电流输入端时应该使用尽量短的连接线。

2. 信号滤波器

有三种供用户可选择的信号滤波器：1 倍频线性陷波器，2× 倍频线性陷波器，自动跟踪带通滤波器。前面板滤波部分的每个滤波器有一个对应的指示 LED 和功能键。按一个按键则切换到相应的滤波器。每个滤波器的状态有激活状态（IN）、未激活状态（OUT）。

陷波器的 Q 值为 10，衰减至少 50 dB。因此，1 倍频线性陷波器的陷波宽度为 6 Hz，而 2 倍频陷波器的陷波宽度为 12 Hz。这两种陷波器可以针对陷波频率增加动态储备达 50 dB，但受最大动态储备范围限制。陷波频率出厂被设定为 50 Hz 或 60 Hz，用户可以调整这些频率，其滤波是处于信号放大电路之前。

带通滤波器的 Q 值为 5，70% 通带总是等于 1/5 的中心频率。中心频率是不断调整至等于内部解调频率。当参考通道输入模式是 1 倍频，中心频率则跟踪参考频率。当参考通道输入模式 2 倍频，中心频率则为两倍参考输入频率。该带通滤波器增加了 20 dB 的动态储备，并有很好的谐波抑制作用（第 2 次谐波衰减了 13 dB，高次谐波每次衰减 6 dB 甚至更多），如果不需要改进的动态储备或谐波抑制，可将带通滤器设置为失效状态（OUT）。

3. 灵敏度

灵敏度显示的范围为 1～500，单位为 nV、V 或 mV。当使用电流输入时，其单位为 fA、pA、nA。灵敏度部分有两个按键，分别设置灵敏度的增加或减小。如果任何一个键按下，灵敏度将设定向期望的方向每秒改变 4 次。

满量程灵敏度可以从 100 nV 到 500 mV 变化。灵敏度指示值不会被 EXPAND 功能改变。EXPAND 功能可以提高输出灵敏度（Volts out/Volts in）以及数字输出显示的分辨率。

并非所有的动态储备可以获得全范围的灵敏度。如果灵敏度被改变到一个动态储备是不允许的值，动态储备将变更为下一个允许的值。灵敏度优于动态储备。每个动态储备的灵敏度范围如表 10-1 所示。

表 10-1　动态储备与灵敏度的关系

动态储备	灵敏度范围
低储备（LOW）	1 μV 至 500 mV
正常储备（NORM）	100 nV 至 50 mV
高储备（HIGH）	100 nV 至 5 mV

4. 动态储备

使用动态储备部分（DYNAMIC RESERVE）的按键设置动态储备（DR）。三个指示灯指示动态储备,即高(HIGH)、正常(NORM)、低(LOW)。只有灵敏度范围允许的动态储备才是真正的动态储备,见表 10-1。例如,当灵敏度为 500 mV 时,DR 总是低的(LOW)。

动态储备和输出稳定性如表 10-2 所示。

表 10-2 动态储备与稳定性的关系

设置	动态储备	输出稳定性/ppm·℃$^{-1}$
LOW	20 dB	5
NORM	40 dB	50
HIGH	60 dB	500

由于较高的动态储备将导致降低输出稳定性,如果没有超载指示,应该设置动态储备为最低。

5. 状态

LED 状态指示有以下五种。

(1) OVLD 指示 LED:指示信号是否过载。产生这种状态的原因是信号太强,灵敏度太高,动态储备太低,补偿功能被开启,扩展功能被打开,时间常数不够大,或者等效噪声带宽(ENBW)太大等。

当输出超过满量程时,输出过载时 OVLD 指示灯将以每秒四次的速度闪烁。例如,积分测量时,X 超过满量程而 Y 几乎接近于零,OVLD 闪烁,则从 Y 输出数据是安全的。如果测量噪声超过满量程时 OVLD 也会闪烁。如果 OVLD 灯闪烁,则说明输出已经过载。在这种情况下,动态储备、灵敏度、时间常数或者等效噪声带宽需要被调整。

(2) UNLK 指示 LED:用于指示参考振荡器没有锁定外部输入的参考信号相角。这种情况在参考信号幅度太低、频率超出范围或者对于参考信号波形的触发模式不正确时都会出现。

(3) ERR 指示 LED:当与计算机接口通讯发生错误时,ERR 指示灯会闪烁,例如一个不正确的命令、参数非法,等等。

(4) ACT 指示 LED:指示与计算机通信接口处于活动状态。当 SR530 每次接收或发送数据时,这个 LED 会闪烁。

(5) REM 指示 LED:指示操作是处于远程控制状态,前面板操作无效。有两种远程控制状态,一是远程锁定状态不允许来自前板的输入;二是远程非锁定状态允许用户可以通过前板的(LOCAL)键返回本地控制。

6. 输出显示选择

在显示部分(DISPLAY)的按键选择显示在输出仪表和 OUTPUT BNC 输出端口上的物理量。显示的参数通过六个指示灯中之一个表示选择:端口输出 X、Y 值,输出 X、Y 补偿量(X OFST, Y OFST),输出幅度和相位(R, φ),输出幅度补偿和相位(R OFST, φ),输出 X 和 Y 上噪声的有效值(X NOISE, Y NOISE),或者从 X5 与 X6 端口上数/模输出(D/A)。当选择显示噪声(NOISE)时,输出为等效噪声带宽。

1) 通道 1 输出显示

通道 1 输出如下:X 等于 $R\cos\varphi$,其中,φ 是相对锁定的参考信号的相移,输出特性如

表 10-3 所示。

表 10-3　通道 1 输出特性

显示输出设定	通道 1 输出	能否启动扩展功能	能否开启补偿功能	$X(R\cos\varphi)$
X	$X+X_{\text{ofst}}$	能	能	$X+X_{\text{ofst}}$
X OFST	X_{ofst}	能	能	X_{ofst}
R	$R+R_{\text{ofst}}$	能	能	$X+X_{\text{ofst}}$
R OFST	R_{ofst}	能	能	$X+X_{\text{ofst}}$
X NOISE	X_{noise}	能	能	$X+X_{\text{ofst}}$(enbw)
X5	X5	不能	可调	$X+X_{\text{ofst}}$

当 DISPLAY 被改变时，每个显示的扩展 EXPAND 键和补偿 OFFSET 键的状态不变。因此，当 DISPLAY 从 X 改变为 R 时，EXPAND 键和 OFFSET 键按上次选择 R 时 DISPLAY 键的设置来设置。如果 DISPLAY 键被改到 X，EXPAND 键和 OFFSET 键则返回到 X 时的设置状态。

CHANNEL 1 输出处于左边的 OUTPUT BNC 连接器。输出参数由 DISPLAY 键设置，可以是 X，X OFST，R(幅度)，R OFST，X NOISE，X5(外部 D/A)，请注意，当显示为 X5 时，X5 口输出的比率为 $10R/X1$。当 EXPAND 功能关闭时，所有输出的满刻度均为 ±10 V；当 EXPAND 功能被打开时，输出有效地放大了 10 倍，满刻度灵敏度也放大了 10 倍(X5 不能扩展)。其通道输出阻抗小于 1 Ω，输出电流小于 20 mA。

左边模拟量指示仪表总是显示 CHANNEL 1 的输出电压，精度为满刻度的 2%。显示的单位是通过 LCD 左边 3 个指示灯指示。扩展功能打开时，自动读出范围，反映灵敏度增加。当显示 X5 时，单位指示灯是灭的，单位是伏特。

(1) R 输出

幅度(R)的计算如下式所示：

$$R = \{(X+X_{\text{ofst}})^2 + (Y+Y_{\text{ofst}})^2\}^{1/2} + R_{\text{ofst}} \tag{10-1}$$

输出的幅值分辨率为 12 位，并且 3.5 ms 更新一次。为了使幅值精度最大化，幅值应尽可能满量程。R 是计算后再扩展的。因此，当 R 被扩展后，满刻度的分辨率将下降大约至 9 位。

(2) $X(R\cos\varphi)$ 输出。在 $X(R\cos\varphi)$ BNC 连接端口上可以获得输出模拟量 $X+X_{\text{ofst}}$。输出阻抗小于 1 Ω，输出电流限制为 20 mA。

$X(R\cos\varphi)$ 输出受 X 补偿影响，但不扩展。$X(R\cos\varphi)$ 也不会受到 DISPLAY 键设定的影响，但不包括两种情况：如果 DISPLAY 键设置为 X OFST，$X(R\cos\varphi)$ 端输出是 X 补偿；如果显示设置为 X NOISE，$X(R\cos\varphi)$ 端输出的是 1 Hz 或 10 Hz 的等效噪声带宽。

(3) 通道 1 的 REL 功能。每次 REL 键被按下，显示参数的补偿为零。如果输出是大于 1.024 倍满量程，REL 功能将无效，输出为零，在这情况下，OFFSET ON LED 会闪烁和补偿值将被设置为最大值。

REL 功能和手动按 OFFSET 键是两种设置补偿值的方法。使用 REL 键后，补偿也可以使用 OFFSET 键的手工调节。

当 DISPLAY 键设置为 X、X OFST 或 X NOISE 时，则 REL 键被设置为 X OFFSET（因为这影响到 $X(R\cos\varphi)$ 输出）。如果显示 X NOISE，REL 功能将使 X 为 0，并且噪声输出将需要几秒钟来调整。

如果 DISPLAY 键设为 R 或 R OFST，REL 键将设置 R OFFST。

当 DISPLAY 键是 D/A 时，REL 键使 X5 输出为 0。

（4）通道 1 的补偿功能。OFFSET 按钮控制手工补偿。使用 OFFSET 上的键设置补偿开启和关闭。当补偿打开，下方的两个键用来设定补偿的量。单击按键时，将增加全量程的 0.025%，如果按键被保持按下时，补偿量就持续增大，最大可到满量程的 10%。如果补偿键关闭，补偿偏置将回到 0，但是补偿值并没有丢失，下一次打开补偿设置时则补偿到上次输入的补偿量。

如果试图设置的补偿值超出量程，ON 指示灯会闪烁。补偿最大可设置到 1.024 倍满刻度灵敏度。当 EXPAND 打开时，将是 10 倍的满量程输出。

请注意，补偿（无论是手动设置或被 REL 功能键产生）代表量程读数的一部分，所以当灵敏度改变时，它们的绝对值将会改变。当满刻度灵敏度被改变时，已被补偿到零的信号将不再为零。模拟指示表和 BNC 输出端的值是相同的，如果输出为 X，由式（10-2）给出：

$$V_{\text{out}} = 10A_{\text{e}}(A_{\text{v}}V_{\text{i}}\cos\varphi + V_{\text{os}}) \tag{10-2}$$

其中，$A_{\text{e}}=1$ 或者 10，根据有没有扩展；$A_{\text{v}}=1/$灵敏度；V_{i} 为信号的幅值；φ 为被测信号与参考信号间的相角差；V_{os} 为补偿量（小于 1.024 倍满刻度灵敏度）。

如果 DISPLAY 为 X，X OFST 或 X NOISE，OFFSET 键将调整 X 的补偿量（影响到 $X(R\cos\varphi)$ 输出）。当 DISPLAY 为 R 或 R OFST，OFFSET 键将调整 R 补偿。如果DISPLAY为 X5，OFFSET 的上、下键则设置 X5 上的 D/A 输出电压最大可调整到 ±10.24 V，调整 OFFSET 后 X5 将取消比例输出。

（5）通道 1 的扩展功能。按通道 1 EXPAND 部分的按键可以确定输出扩展。当扩展状态打开时，X10 指示灯亮；扩展状态被关闭时，X1 指示灯亮。只有通道 1 输出受影响，$X(R\cos\varphi)$ 与 X5 的输出不会受扩展影响。

2）通道 2 的输出显示

通道 2 输出特性如表 10-4 所示。Y 等于 $R\sin\varphi$，φ 是被测信号对于参考信号的锁定相位的相移量。

当 DISPLAY 键改变时，EXPAND 和 OFFSET 的状态被保留。因此，当 DISPLAY 键从 Y 改变到 φ，EXPAND 和 OFFSET 被关闭。如果 DISPLAY 被改回至 Y，EXPAND 和 OFFSET 将回到 Y 时的设定状态。

CHANNEL 2 输出端口处于右边的 OUTPUT BNC 连接器。输出参数通过 DISPLAY 设置，可以是 Y、Y OFST、φ（相位）、Y NOISE 或 X6（外部 D/A）。当扩展功能关闭时，所有输出满量程均为 ±10 V；当扩展功能打开时，输出变为原来的 10 倍，有效地使满刻度灵敏度增加了 10 倍（φ 和 X6 不得扩展）。φ（相位）输出为 50 mV/度（20 度/V），最大达到 ±9 V（±180°）。输出阻抗是小于 1 Ω，输出电流限制为 20 mA。

表 10 - 4　通道 2 输出特性

显示输出设定	通道 1 输出	能否启动扩展功能	能否开启补偿功能	$Y(R\sin\varphi)$
Y	$Y+Y_{\text{ofst}}$	能	能	$Y+Y_{\text{ofst}}$
Y_{ofst}	Y_{ofst}	能	能	Y_{ofst}
$\varnothing$	Phase	不能	不能	$Y+Y_{\text{ofst}}$
Y NOISE	Y_{noise}	能	能	$Y+Y_{\text{ofst}}$ (enbw)
X6	X6	不能	可调	$Y+Y_{\text{ofst}}$

　　右边模拟量指示仪表总是显示 CHANNEL 2 OUTPUT 电压。精度为全量程的 2%。显示的单位是通过 LCD 右边 4 个指示灯指示。扩展功能打开时，自动读出范围。当显示 X6 时，单位指示灯是灭的，单位为伏特。

　　(1) φ 输出。相位(φ)由下式给出：

$$\varphi = -\arctan\left(\frac{Y+Y_{\text{ofst}}}{X+X_{\text{ofst}}}\right) \tag{10-3}$$

　　相位输出电压为每度 50 mV，分辨率为 2.5 mV 或每度的 1/20。输出范围为 $-180°\sim$ $180°$。相位输出每 3.5 ms 更新一次。实现最大的精度、幅度，R 应尽可能达到满量程。如果 R 是小于满刻度的 0.5%，则相位输出为 0°。

　　相位输出不得扩展并且 OFFSET 键不能补偿相位输出。但是，使用参考相移可以补偿相位输出。参考相移是指通过控制相对于参考输入的内部锁定坐标系统，调整参考信号的相位。相位输出是被测信号和锁定的参考信号坐标的相位差。例如，如果被测量信号与参考信号相位一致，参考相移设置为零，则相位输出也将为零。这是因为锁定坐标系统是参考输入信号的相位。如果参考相移设置为 $+45°$，然后锁定坐标系旋转至 $+45°$ 的参考输入。因此，参考输入在锁定坐标系统正处于 $-45°$。由于参考信号与被测信号是同一相位，则被测信号处于 $-45°$ 与锁定坐标系统一致，并且相位输出将是 $-45°$。

　　参考相移与输出相位之和是绝对相位，不同于信号和参考输入之间的关系。因此，相位输出可以被适当的参考信号补偿为零。

　　(2) $Y(R\sin\varphi)$ 输出。在 $Y(R\sin\varphi)$ BNC 连接端口上可以获得输出的模拟 $Y+Y_{\text{ofst}}$。输入信号接近等于被选定的灵敏度极限，参考相移为 $90°$ 时，将产生 10 V 输出。输出阻抗小于 1 Ω，输出电流限制为 20 mA。

　　$Y(R\sin\varphi)$ 输出是受 Y 补偿影响，但不扩展。$Y(R\sin\varphi)$ 也不会受到 DISPLAY 键设定的影响，但不包括两种情况：如果 DISPLAY 键设置为 Y OFST，$Y(R\sin\varphi)$ 输出是 Y 补偿；如果显示设置为 Y NOISE，$Y(R\cos\varphi)$ 输出的带宽等于等效噪声带宽(1 或 10 Hz)，而不是时间常数。

　　(3) 通道 2 的 REL 功能。每次 REL 键被按下，显示参数的补偿为零。如果输出是大于 1.024 倍满量程，REL 功能将无效，且输出零。在这种情况下，OFFSET ON LED 会闪烁且补偿值将被设置为最大值。

　　REL 功能与手动按 OFFSET 键是两种设置补偿值的方法。启动了 REL 键后，补偿也可以使用 OFFSET 键的手工调节。

当 DISPLAY 键设置为 Y、Y OFST 或 Y NOISE 时，则 REL 键设置为 Y OFFSET（因为这影响到 $Y(R\sin\varphi)$ 输出）。如果 Y NOISE 被显示，REL 功能将使 Y 为 0，并且几秒钟调整后将输出噪声值。

当 DISPLAY 键是 D/A 时，REL 键使 X6 输出为 0。

（4）自动相位功能。当显示为 φ（相位），REL 键设置参考相位为被测信号和参考信号之间绝对相位差。这时参考相移为参考信号相位和相位输出之和。自动相位后，φ 输出将是 0 度，R 将维持不变，X 将最大化，Y 输出将减少到最低限度。

（5）通道 2 的补偿功能。OFFSET 按钮用于控制手工补偿。使用 OFFSET 部分上的键可设置补偿开启和关闭。当补偿打开，下方的两个键用来设定补偿的量。单击按键时，将增加全量程的 0.025%，如果按键被保持按下时，补偿量就持续增大，最大可到满量程的 10%。如果补偿键关闭，偏置将回到 0，但是补偿值并没有丢失，下一次打开补偿设置时则补偿到上次输入的补偿量。

如果试图设置的补偿值超出量程，ON 指示灯会闪烁。补偿最大可设置到 1.024 倍量程。当 EXPAND 打开时，将是 10 倍的满量程输出。

请注意，补偿（无论是手动设置或通过 REL 功能键产生）代表量程读数的一部分，所以当灵敏度改变时，它们绝对值将会改变。当灵敏度量程被改变时，已被补偿到零的信号将不再为零。模拟仪表和 BNC 输出端的值是相同的，如果输出为 Y，输出值如下所示：

$$V_{\text{out}} = 10A_e(A_V V_i \sin\varphi + V_{\text{os}}) \tag{10-4}$$

其中，根据有没有扩展 $A_e=1$ 或者 10；$A_V=1/$灵敏度；V 为信号的幅值；φ 为被测信号与参考信号间的相角差；V_{os} 为补偿量（小于 1.024 倍满刻度灵敏度）。

如果 DISPLAY 为 Y、Y OFST，或 Y NOISE，OFFSET 键调整 Y 补偿量（影响到 $Y(R\sin\varphi)$ 输出）。当 DISPLAY 为 φ，OFFSET 将不起作用。如果 DISPLAY 为 X6，OFFSET 的上、下键则设置 X6 上的 D/A 输出电压（也在背板上）可调整到 ±10.24 V。

（6）通道 2 的扩展功能。按通道 2 EXPAND 部分的按键可以确定输出扩展。扩展状态打开，X10 指示灯亮，扩展状态被关闭，X1 指示灯亮。只有通道 2 输出受影响，$Y(R\cos\varphi)$ 输出不能扩大，φ 和 X6 也不能扩展。

7. 参考输入

参考输入的接口位于 REFERENCE INPUT 部分。输入交流耦合阻抗是 1 MΩ。直流输入电压应不超过 100 V，最大的交流信号峰值应小于 10 V。

1）触发电平

当 TRIGGER MODE 键被按下时，TRIGGER MODE 指示灯可在 POSITIVE、SYMMETRIC、NEGATIVE 三种模式间切换。

如果中间的 TRIGGER MODE 指示灯点亮，对应的是对称（SYMMETRIC）模式，参考振荡器将锁定输入的参考交流信号由正向负转换的过零点。交流信号必须是对称信号（如正弦波、方波等），并且峰值大于 100 mV，建议信号振幅为 1 Vrms。

如果上面的 TRIGGER MODE 指示灯点亮，对应的是正跳变（POSITIVE）模式。触发阈值为 1 V，并且参考振荡器锁定参考输入的正跳变。这种模式被 TTL 输入脉冲上升边沿触发。脉冲宽度必须大于 1 μs。

如果下面的 TRIGGER MODE 指示灯点亮，对应的是负跳变（NEGATIVE）模式。触

发阈值为 -1 V，并且参考振荡器将锁定负的参考输入的负跳变。这种模式被负脉冲或 TTL 输入脉冲下降边沿触发(输入是交流信号)。脉冲宽度必须大于 1 μs。

2) 参考模式

当参考模式键被按下时，能在 f 和 2f 之间切换。当模式是 f，锁定放大器将检测参考信号的频率的输入；当模式是 2f，锁定放大器将检测到的是参考输入频率的两倍频率的输入。在任何情况下，参考振荡器的最高频率不得超过 100 kHz，因此，在 2f 模式，参考输入频率范围不得超过 50 kHz。

3) 参考显示

REFERENCE DIGITAL DISPLAY 显示参考振荡器的频率或相移。当 SELECT 键按下时可在两者之间切换显示。显示可用于检查锁定的频率是否是用户的参考频率。如果没有参考信号输入，则显示内容为 0.000；如果输入的参考频率超过 105 kHz，则显示内容为 199.9 kHz。

4) 相位控制

使用 PHASE 部分的 4 个按键可设置锁定的参考振荡器和参考输入信号的相移。FINE 标签下的两个键增加了相位设置的微调功能，一个单键按下会向预定的方向改变 0.1°，保持按下按键时将持续改变相移，并且改变步长越来越大，最大一步可达 10°。两个 90°按键用来进行 90°的相位改变，处于上面的一个用于增加 90°的相位，处于下面的一个用于减小 90°的相位。一旦两个按键都按下，将设置相位回到零。只要按下 PHASE 键，REFERENCE DIGITAL DISPLAY 自动显示相位。相位范围为 $-180°\sim180°$，显示值为相对参考输入信号的相位延迟。

8. 时间常数

有两个后置解调低通滤波器，标为 PRE 和 POST。输出放大器中 PRE 滤波器位于 POST 滤波器之前，每个滤波器有 6 dB/oct 的衰减。

PRE 滤波器的时间常数范围为 1 ms$\sim$100 s，通过 PRE 滤波器指示灯下的两个按键调节。保持按下按键将以每秒 4 倍的速度向期望的方向增加时间常数。

POST 滤波器时间常数可以使用 ENBW 指示器下面的两个键设置为 1 s 或 0.1 s，或去除 POST 滤波器设置为零。当 POST 滤波器为 1 s 或 0.1 s 时，对于超过 POST 和 PRE 滤波器带宽的频率成分总衰减为 12 dB/oct。

9. 噪声测量

如果 DISPLAY 设置为 X NOISE、Y NOISE，且 PRE 和 POST 滤波器都为无效时，两个 ENBW 指示器则有一个是工作的，显示噪声等效噪声带宽的有效值。使用 ENBW 指示灯下面的按键可设置 ENBW(与设置 POST 滤波器为同一按键)。在这种情况下，PRE 滤波器按键不起作用。当带宽已经达到 1 Hz 时按增大键将重设噪声平均值为 0，重新开始计算，当带宽已经被选为 10 Hz 时，按向下的按键也会有同样的效果。

在参考频率附近以 1 Hz 或 10 Hz 为等效噪声带宽对噪声进行滤除。直流输出不会增加噪声，噪声仅由交流输出的"波动"决定。通过测量在不同频率点的噪声，可以发现噪声强度依赖频率而分布，例如通常所说的 $1/f$ 噪声。噪声计算往往假定噪声符合高斯分布(如约翰逊噪声)。由于在读取噪声时输出应接近一个稳定值时，计算需要较大的时间常数。对于 1 Hz ENBW，输出稳定大约需要 15～30 s；而 10 Hz ENBW，输出稳定很快。噪声输出会有少量的变化，因为对相对带宽来说此时噪声会有比较缓慢的变化。输出中的直流单元不会导致噪声，但是，在接近最终值前，一个大的直流输出将导致噪声计算有一个较大初始值，因此，该计算将需要较长的时间。

如果 OVLD 指示灯以每秒 4 次的速度闪烁，则说明 X 或 Y 输出其中之一过载，相应的噪声计算应该被忽略。如果 OVLD 指示灯持续点亮，这时输入信号在交流放大器或时间常数滤波器部分过载。在这种情况下，输出的噪声是错误的。

要获得噪声的强度值，噪声读数应该除以等效噪声带宽的平方根。因此，当等效噪声带宽是 1 Hz，输出噪声是噪声密度；当等效噪声带宽是 10 Hz，噪声密度是噪声输出除 $\sqrt{10}$。例如，如果输入噪声测得为 7 nV，ENBW 设置为 1 Hz，则噪声密度为 7 nV/$\sqrt{\text{Hz}}$。切换等效噪声带宽至 10 Hz，则测量更快，测量输出为 22 nV，噪声密度为 22 nV/$\sqrt{10}$ Hz 或 7 nV $\sqrt{\text{Hz}}$。

10. 电源

当电源关闭时，前面板设置状态仍被保留，当电源开关下次被打开时，设备的设置状态将返回上次的设置。

D/A 输出的 X5 和 X6 在断电时不保留。重新上电后，X5 总是变为 RATIO 输出，而 X6 则为零。

当电源打开时，如果 LOCAL 按键被按下，该仪器将被设置为默认值，如表 10 - 5 所示，而不是设置在上次电源关闭时的状态。

表 10 - 5　系 统 默 认 值

参　数	设　置
灵敏度	500 mV
动态储备	LOW
显示	$X\ Y$
扩展	OFF
补偿	OFF(value＝0)
PRE 时间常数	100 ms
POST 时间常数	0.1 s
等效噪声带宽	1 Hz
参考频率模式	f
触发模式	SYMMETRIC
参考显示模式	FREQUENCY
相移量	0°

当默认值上电时，红色 ERR LED 指示灯会亮大约 3 s。如果这个指示灯亮着而 LOCAL 键没有按下，这时仪器将没按保存设置工作，这可能是由于电池电量不足。

电源开启后，通道 1 数字显示输出窗口会显示设备序号，通道 2 数字显示输出窗口会显示固件版本。参考数字显示屏显示设备的模式数据。它们都显示 3 秒后自动消失。

11．本地和远程

当仪器是通过计算机接口编程工作在远程状态，而没有锁定（LOCK - OUT）时，按 LOCAL 键后可以在前面板控制仪器。如果该仪器是在远程控制锁定状态，则前置面板按键不可以使用。在这种情况下，仪器若要恢复本地操作，必须从计算机接口传送命令或关闭电源重启仪器。

10.1.2　后面板

1．AC 电源部分

AC 线路电压选择卡、保险丝和电源线插座位于后面板的左侧。要正确设置交流电压选择卡，并选择正确的保险丝。

2．GPIB 连接器

SR530 有一个内置的 IEEE 488 接口（GPIB 接口）。GPIB 地址设置通过位于接口连接器右侧的上 SW1 键来设置。

3．RS232 接口

SR530 有一个 RS232 接口，该接口被配置为 DCE。它的波特率、奇偶校验、停止位和返回模式，通过位于接口右侧的开关 SW2 来设置。

4．信号监控输出

这个输出接口提供了信号放大和滤波器的输出缓冲，这是解调器之前的信号，输出阻抗小于 1 Ω。当输入信号被提供为满刻度输入时，该输出峰峰值为 20 mV、200 mV 或 2 V，分别对应动态储备为高、正常、低。

5．前置放大器连接口

这 9 针的"D"形连接器提供电源和控制信号接口，可连接到外部外围前置放大器等设备，其电源管脚定义如表 10 - 6 所示。

表 10 - 6　电源管脚定义

管脚	电压	电流
1	＋20	100 mA
2	＋5	10 mA
6	－20	100 mA
7	信号地	
8	数字地	

6．普通 A/D 和 D/A

有 4 个模拟输入端口，标为 X1 至 X4。这些输入可以被数字化，并被计算机接口读取。范围为 －10.24～＋10.24 V，分辨率为 2.5 mV，输入阻抗为 1 MΩ。数字化过程约 3 ms，但传送结果需要较长的时间。

有两个模拟输出端口，标记为 X5 和 X6。可以通过计算机编程接口编程给出数字电压。范围为 $-10.24 \sim 10.24$ V，分辨率为 2.5 mV，输出阻抗是小于 1 Ω，输出电流限制为 20 mA。

若没有通过计算编程或前面板设置时，X5 是比率输出。X5 的电压是通道 1 输出与 X1 口的模拟电压的比率。输出为 10 V 对应比率为 1。该比率的计算方法是数字化通道 1 输出到 X1 口的模拟电压的比率，分辨率是 2.5 mV。为了达到最佳精度，灵敏度应设置为至少提供 50% 的满量程信号和模拟分母(X1)应当为 5 V 或更大。比率大约每隔 3 ms 更新一次。要比率功能正常工作，分母(X1)输入应超过 40 mV。

如果显示设置为 D/A，比率输出量是 R 除以 X1 的 10 倍。

7. 内部振荡器(INTERNAL OSCILLATOR)

内部振荡器(INTERNAL OSCILLATOR)是电压控制正弦波振荡器。使用振荡器作为参考源，连接背板的 REF OUTPUT 与前面板的 REF INPUT。REF OUTPUT 是 1 Vrms 的正弦波。SINE OUTPUT 可被用于实验信号。利用振幅开关 SINE OUTPUT 幅值可设置为三种：1 V、100 mV、10 mV(有效值)。输出阻抗为 600 kΩ。用 AMP CAL 螺丝调整幅度。

振荡器的频率被压控振荡器输入电压控制。电压从 0 V 至 10 V 变化，则根据压控振荡器范围(VCO RANGE)选择调整频率。有三个范围：1 Hz/V、100 Hz/V 和 10 kHz/V。输入阻抗为 10 kΩ。用 FREQUENCY CAL 螺丝调整频率。

有四种方法设置频率：

(1) 连接 X5 或 X6(D/A 输出)到 VCO INPUT。频率可以在前板上设置和显示 X5 或 X6。频率也可通过电脑接口编程 X5 或 X6 控制。

(2) 如果将 VCO INPUT 左侧打开，这时振荡器运行在它的范围的最大值(即 10 Hz、1 kHz 或 100 kHz)。

(3) 10 kΩ 的电位器可连接 VCO INPUT 到地，用于设置频率。

(4) 压控振荡器输入端连接到一个外部可以提供 $0 \sim 10$ V 的电压源。

在以上四种方法中，如果 REF OUTPUT 连接到前面板的 REFERENCE INPUT 上，则在前板的 REFERENCE DIGITAL DISPLAY 上或通过计算机接口可以读取频率。

10.1.3 SR530 编程指导

SR530 锁相放大器的远程可编程控制是通过实验室计算机或其他终端机的 RS232 和 GPIB 接口与之连接进行控制的。前板的所有功能(除了信号输入选择和电源)都可通过远程编程控制及数据读取。SR530 还可以通过设备上的四个通用模拟输入端口读取其他实验室仪器的模拟输出信号。还有两个可编程模拟输出端口可提供一般用途的模拟量控制电压。

1. SR530 的通信

使用 RS232 或 GPIB 接口之前，需要用开关设置适当的配置参数。有两排位于背板的开关 SW1 和 SW2，每排 8 个。SW1 设定 GPIB 地址，SW2 设置 RS232 串口参数。配置开关被不断读取，任何更改将立即生效。SW1 开关配置如表 10-7 所示，其中，down 为 0，up 为 1。

表 10 - 7　SW1 开关配置

S8	S7	S6	S5 S4 S3 S2 S1
没定义	没定义	选择 DPIB 或 RS232	DPIB 地址定义

其中，S6：0 为选择 RS232，1 为选择 GPIB；S5～S1 为五位二进制数用于表示 0～30 的地址范围，S5 为高位。

SW2 开关配置如表 10 - 8 所示。

表 10 - 8　SW2 开关配置

S1	S2	S3	波特率	S4		S5		S6		S7	S8
1	1	1	19200	0	偶校验	0	校验始能	0	响应模式	0	一位停止位	无定义
0	1	1	9600	1	奇校验	1	无校验	1	无响应模式	1	二位停止位
1	0	1	4800								
0	0	1	2400								
1	1	0	1200								
0	1	0	600								
1	0	0	300								

2. 命令语法

与 SR530 通信是使用 ASCII 字符。SR530 的命令可以是大写或小写字符，由一个或两个命令字及功能码或参数与一个 ASCII 回车（<cr>）或线（<lf>）或两者兼有组成。不同部分的命令不需要以空格分隔。如果包含空格，它们将被忽略。如果有的命令有一个以上的参数是必需的，参数必须以逗号分隔。

实例的命令如下：

G 5 <cr>　设置灵敏度至 200 nV

T 1，4 <cr>　设置前置滤波器为 30 ms

F <cr>　读参考频率

P 45.10 <cr>　设置相移为 45.1°

X 5，−1.23E−1 <cr>　设置端口 X5 为 −0.123 V

多命令可以写同一行，但必须由分号（；）分隔。命令只有当回车出现时才会被执行。

复合命令的例子如下：

G 5；T 1，4；P 45.10 <cr>

命令之间没有必要等待前命令运行完，由于 SR530 有一个 256 字节的命令输入缓冲并按接收的顺序执行命令。同时，SR530 每个接口也有一个 256 字节的输出缓冲区。

一般情况下，如果发出的命令是不带参数，它被解释为请求命令去读取相关功能的状态或设置。

SR530 返回的值是一个字符串的 ASCII 字符，末端通常由线符号<lf>结束。例如，发送命令与答复命令分别如下。

发送命令　　来自 SR530 的答复命令

G <cr>　　　　5<cr><lf>

T 1 <cr>　　　4<cr><lf>

P <cr>　　　　45.10<cr><lf>

SR530 发送终止字符的选择由被使用的接口和响应功能是否开启决定。GPIB 接口的终止序列总是<cr><lf>。当响应模式关闭，RS232 默认终止字符为<cr>，而当响应模式打开终止字符为<cr><lf>。

（1）RS232 响应与不响应操作。为了使 SR530 能从终端机控制运行，仪器有回显特征，它会使单元返回命令，并由 RS232 端口接收。当将 SW2 中的开关 S6 调到 DOWN 位置时则为响应控制模式。在这种模式下，SR530 除了发送有用的回车<cr>和线<lf>之外，还会发送出<OK>命令，表示先前的命令已经得到处理，或发出<?>命令，表示存在错误指令。

（2）SR530 的命令列表。每个命令序列的首字母指定改命令，其余的是由参数组成，多参数是由逗号隔开的。其命令表见附录三所示。

10.2　锁相放大器相关实验

10.2.1　使用锁相放大器测量电阻阻值

［实验目的］

1. 了解锁相放大器的用途。

2. 了解锁相放大器的结构组成。

3. 掌握锁相放大器的基本操作方法。

［实验原理］

本实验想要对一种材料的电阻值进行测量，并且在测量的过程中不想造成电能的过分浪费。如果电阻阻值大约为 $0.1\ \Omega$，电流要求不得高于 $1\ \mu A$，则需要一个 $100\ nV$ 的电压加在电阻两端。有很多的噪声可能淹没了这么小的信号，电源中带来的 $50\ Hz$ 的噪声信号可能比它的 1000 倍还要大，可能电路接头带要的压降就有 $100\ nV$。故运用锁相放大器来进行测量。其测量原理如图 10-2 所示。使用正弦信号发生器产生一个峰值电压为 $1\ V$，频率为 $1\ W$ 的正弦信号作为参考信号，并通过一 $1\ M\Omega$ 的电阻使其提供 $1\ \mu A$ 的电流，将此信号作为激励。

将两个信号接入锁相放大器。$1\ V$ 交流参考信号被使用告诉锁相放大器被测信号的准确频率，这个参考信号被接入其中的锁相环电路中，锁相环有两个输出：$\cos(\omega_r t)$ 和 $\sin(\omega_r t)$。

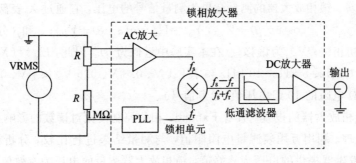

图 10 - 2　测量原理

测试样本信号 $V_s\cos(\omega_s t+\varphi)$ 被加在高放大比的 AC 差分放大器输入端。差分放大器的输出与锁相环输出量相乘后通过两个相位检测单元 PSD1 与 PSD2。相乘使得输入信号的频率成分发生了改变，因此两个相位检测单元的输出为

$$V_{psd1}=V_s\cos(\omega_r t)\cos(\omega_s t+\varphi)$$
$$=\frac{1}{2}V_s\cos[(\omega_r+\omega_s)t+t+\varphi]+\frac{1}{2}V_s\cos[(\omega_r-\omega_s)t+\varphi]$$

$$V_{psd2}=V_s\cos(\omega_r t)\cos(\omega_s t+\varphi)$$
$$=\frac{1}{2}V_s\cos[(\omega_r+\omega_s)t+\varphi]+\frac{1}{2}V_s\cos[(\omega_r-\omega_s)t+\varphi]$$

其中，$\omega_r+\omega_s$ 项被低通滤波器滤除，只剩下 $\omega_r-\omega_s$ 项，然后通过直流运放。由于低通滤波器能有总计 100 s 的时间常数，锁相放大器能去除从参考信号中引入的大于 0.0025 Hz 的噪声信号。

因为参考信号与被测信号同相，故 PSD1 的输出为最大相位而 PSD2 的输出为 0，如果相位非零，V_{psd1} 为 $\cos\varphi$，V_{psd2} 为 $\sin\varphi$，则输出量为

$$R=(V_{psd1}^2+V_{psd2}^2)^{1/2}\sim V_s$$

输出信号的相位为

$$\varphi=-\arctan\left(\frac{V_{psd2}}{V_{psd1}}\right)$$

因此，相位锁相放大器通过幅值测量，能够测量出被测信号与参考信号之间的未知相位。

[实验仪器]

锁相放大器，示波器，信号发生器，电阻，若干导线。

[实验步骤]

1. 连线。实验中使用函数信号发生器给阻值分别为 1 MΩ 和被测串连电阻提供电压，然后把两电阻的分压分别作为参考信号和测量信号送入锁相放大器，其连线图为图 10 - 1。

2. 量程设置。检查连线无误后，首先打开锁相放大器电源开关，把锁相放大器量程设置为最大。然后打开函数信号发生器电源开关，把函数信号发生器的调制频率和电压分别设置为 1 kHz 和 1 V。最后再改变锁相放大器的量程，在 X 读数盘的指针指到最大刻度 2/3 左右的位置时进行读数。

3. 读数计算。锁相放大器的测量结果为测量信号的电压，它通过 X 表盘和 Y 表盘进行输出。其中，$X_{out} = U_{测} \cos(\alpha - \beta) + V_{ofst}$，$Y_{out} = U_{测} \sin(\alpha - \beta) + V_{ofst}$；$\alpha$ 和 β 分别为参考信号和测量信号的初相位；V_{ofst} 为偏移量（在本实验中近似为 0）。因此，$U_{测} = (X_{out}^2 + Y_{out}^2)^{1/2}$。

分别测量 1 kHz、5 kHz、10 kHz 频率下 1 V、0.8 V、0.6 V、0.4 V、0.2 V 五个参考电压值的 200 Ω 电阻的 10 组电压值（参考信号）。

4. 调节锁相放大器的设置。查看 Expand，相位控制按钮对读数的影响。

5. 数据处理。利用万用表测量电阻阻值，与测量结果进行比较，分析误差原因。（注意：函数信号发生器提供的电压为峰峰值，锁相放大器测量的电压为有效值。）

[思考题]

1. 锁相放大器有何用途。

2. 说明锁相放大器检测微弱信号的原理。

10.2.2 使用锁相放大器测量光通信传输信号

[实验目的]

1. 了解微弱光信号检测的仪器组成及性能。

2. 掌握光通信的基本原理。

3. 能够设计测量光路并完成测量。

[实验原理]

光电探测器输出信号非常弱小，直接用示波器无法测出其接收到的信号，特别是当有用光线较弱而环境干扰光较强时。故此实验在进行光的测量时，为了避免外来光线的干扰，需要在暗室里进行测量，这是一般的常识。但是，不管设置多么好的暗室，也不可能使外来的干扰光线化为零。另外，在用红外光谱仪测量时，周围的温度本身就成为外来的干扰光线。被外来干扰光线所掩埋的微弱光信号，如果使用锁相放大器进行辅助测量，就能够将外来干扰光线除去，也就是将噪声除去，而仅将目的信号检测出来。

实验中我们使用光纤实验仪将一脉冲信号调制到半导体激光器上，通过一定距离传输后，利用光电探测器接收后通过锁相放大器测量接收到的信号，用此方法来研究传输距离、半导体激光器发射功率、传输信号频率与传输有效性的关系。其基本结构如图 10-2 所示。

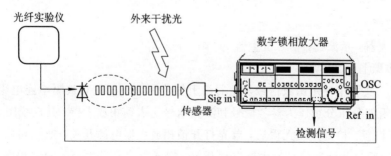

图 10-2 测量系统结构

[**实验仪器**]

锁相放大器；半导体激光器；光纤实验仪；光电探测器；调整架；实验导轨。

[**实验步骤**]

1. 根据实验一中的内容对锁相放大器进行量程设置、通道选择及参数调整。

2. 设计测量光路及测量过程（画出连线框图），按设计进行连线及摆设光路。

3. 将光纤实验仪输出的脉冲信号接到锁相放大器的参考输入端当参考信号，将光电探测器接到选择的锁相放大器测量通道上。

4. 调整半导体激光器的方向，保证探测器测量的都是光束中心的功率值。

5. 分别测量距离光源 30 cm、40 cm、50 cm、60 cm、70 cm、80 cm 处的光电探测器接收到的信号幅度、相位、频率。

6. 修改光纤实验仪上调制的脉冲频率，重复第 5 步。

7. 修改半导体激光器输出的激光功率，重复第 5、6 步。

[**思考题**]

1. 在本实验中为什么需要使用锁相放大器？

2. 如何检测测量结果的准确性？

第11章 OSM - 400系列光谱仪的使用方法及实验

11.1 使用方法

OSM - 400系列光谱仪其外型结构如附录五所示,其规格特性如附录四所示。OSM - 400光谱仪可通过触摸屏操作或经由 USB 或以太网接口使用计算机操作,其计算机上用于数据获取与控制的软件为 OSM-Analyst Basic,后面将详细介绍软件的使用方法。本节介绍通过触摸屏操作的方法如下。

11.1.1 系统接口描述

在分光计的右边侧面,有各种设备连接接口,如图 11 - 1(a)所示。

分光计的左边侧面,有一光缆连接口。分光计被设计为只能连接光纤线缆,其左边结构如图 11 - 1(b)所示。

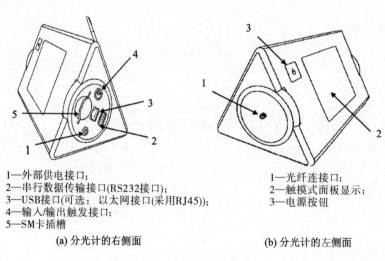

1—外部供电接口;
2—串行数据传输接口(RS232接口);
3—USB接口(可选:以太网接口(采用RJ45));
4—输入/输出触发接口;
5—SM卡插槽

(a) 分光计的右侧面

1—光纤连接口;
2—触摸式面板显示;
3—电源按钮

(b) 分光计的左侧面

图 11 - 1 接口分布图

11.1.2 操作方法

1. 打开和关闭 OSM - 400

将电源连接到 OSM - 400,给其内部电池充电。等待一个半小时,使充电电池组充上所需的最低电源电压,方可开始第一次测量。

按电源按钮启动 OSM - 400,屏幕上短暂出现一标志屏幕,然后出现菜单和一个空白图表,如图11-2所示。

有两种方式可以关掉 OSM-400:

(1) 选择 File/Power off 电源的菜单。

(2) 使用电源按钮关闭开关。

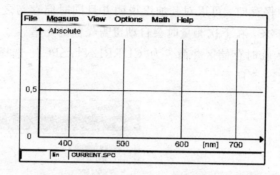

图11-2　开始显示画面

2. 输入文字和数字

如果要输入命令数据或文件名字段,将会激发一个类似如计算机打字键盘界面。可以触摸键盘来编写相应字符。

未按下 shift 键时,将可输入小写字母和数字键,如图11-3(a)所示,当按下 shift 键时,键盘转变为大写字母和其他特殊字符。

按键介绍:

(1) BS,删除光标左侧的字符。

(2) Clear,删除整个文档。

(3) OK,确定输入。

(4) Cancel,取消输入操作。

当数值输入字段激活后,可使用图11-3(b)所示的标准数值窗口输入数据、时间或刻度大小。

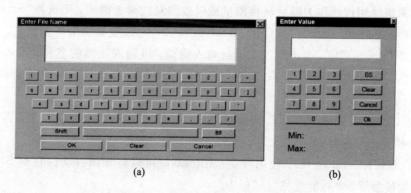

图11-3　文本输入键盘与数值输入键盘

3. 菜单命令

1) File 菜单

菜单的结构如图11-4所示。

（1）加载（Load）。使用命令"File/Load"，可以从 SM 卡加载一个已经保存的频谱到 OSM-400。点击 Load 将打开一"Load"窗口，在其中可以选择想要加载的光谱，然后点击 Load 键将选定的光谱加载并显示到光谱仪上。

（2）保存（Save）。使用命令"File/Save"可以将内存中的光谱文件保存到非易丢失性内部存储器或 SM 卡上。保存时，可以对其加以说明并且同时储存与之相应的谱线。如果没有将测量的光谱存储下来，在下次测量时会自动覆盖先前的光谱。

当前的光谱被存入临时存储区并命名为"CURRENT. SPC"。选择"File/Save"命令，将打开保存窗口，如图 11-5 所示。

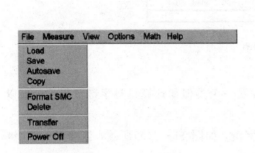

图 11-4　"File"菜单的结构

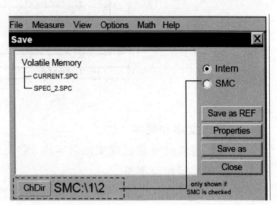

图 11-5　"保存"窗口

保存光谱的步骤如下：

① 从"Volatile Memory"中选择想永久保存的光谱。

② 选择是否要保存到内部存储器（Intern）还是 SM 卡（SMC）中。

③ 如果想储存光谱的介绍说明，可选择频谱属性（Properties），将弹出一个"属性"窗口，在其中可说明文件名称、日期及对文件的相关介绍。

④ 点击"确认（OK）"按钮，将会出现保存窗口。

⑤ 如果想使用谱线作为随后转换测量或吸收测量的参考谱线，则选择"Save as REF"。一旦保存了参考谱线，可以通过"Option\Measure\Type"改变频谱的测量模式。

⑥ 点击"Save as"后，会出现一个键盘输入窗口。可输入频谱的名称，请确认名称（最多包含 8 个字符）。扩展名可以添加". spc"，如果没有输入扩展名，设备会自动保存成". spc"文件。

⑦ 按"OK"键将光谱保存在选定的目录中，并随之出现的提示窗口中，再次确认后，选择"Close"关闭保存窗口。

（3）自动保存（Autosave）。使用"File/Autosave"可以将光谱自动保存到 SM 卡中。此命令的功能被激活后，将能看见"√"标志。

只有插入 SM 卡，才能激活自动保存功能，并标记"Autosave on"在屏幕上。此功能会自动保存光谱到 SM 卡，并同时建立一个目录，目录名就是当前日期。光谱将以测量时间被保存下来。

自动保存功能同时适用于单次测量和连续测量，特别适用于外部触发测量或时间控制测量。每次测量后会进行保存，存储信息将会出现在显示窗口上。

（4）复制（Copy）。"File/Copy"命令可以将非易失性存储器（永久记忆）中的光谱复制到 SM 卡中。

① 选择"File/Copy"后，"复制"窗口将显示非易失性内存中的内容，如图 11－6 所示。

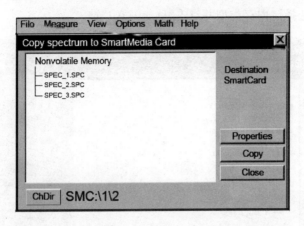

图 11－6　"复制"窗口

② 在 SM 卡上要选择一个目标目录或选择"ChDir"命令创建一个新的目录。此时窗口将显示智能卡的目录结构，如图 11－7 所示。

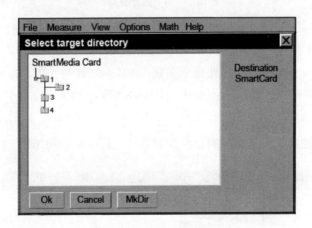

图 11－7　"选择目标目录"

③ 使用"MkDir"可以创建一个新的目录。先选择一个目录，然后点击"MkDir"，即可在选定的目录下创建一个子目录。

④ 选择要存入的目标目录并点击"OK"。用这种方式可以返回到复制的窗口，SM 卡上的目标目录并会在窗口底线上显示目录的路径，如图 11－7 所示。

⑤ 选中要复制的谱线。

⑥ 选择"Copy"将选中谱线保存主 SM 卡中，在确认窗口中再次点击"OK"键，如果想复制更多光谱，重复此动作即可。

⑦ 当复制完所有光谱，使用"Close"关闭复制窗口。

（5）格式化 SM 卡（Format SMC）。命令"File/Format SMC"可以格式化 SM 卡。

(6) 删除(Delete)。命令"File/Delete"可以对易失性内存、非易失性存储器和 SM 卡进行删除操作。

选择"File/Delete"命令，保存的三类存储器构成的树状目录结构及其中保存的光谱文件，如图 11-8 所示。选择想要删除的光谱，点击"Delete"键。要从某个内存类型中一次性删除所有光谱，可选择该内存类型并点击"Delete All"键。

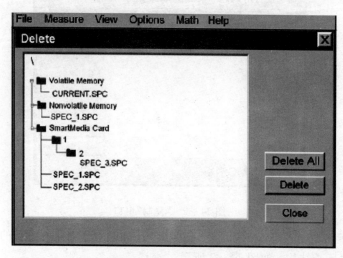

图 11-8　删除窗口

(7) 传输(Transfer)。使用命令"File/Transfer"可以更改数据传输的设置，或通过串口或以太网操作 OSM-400 光谱仪。

(8) 关机(Power off)。可使用此命令关闭 OSM-400 仪器，选择命令"File/Power off"后，设备首先保存电流设置然后关闭系统。下次启动时，OSM-400 将会还原这些设置。

2) Measure 菜单

Measure 菜单包含着一些触发测量的设置选项，其菜单结构如图 11-9 所示。

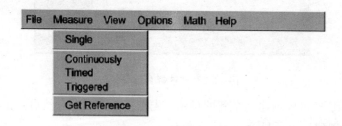

图 11-9　"测量"菜单

(1) 单次测量(Single)。选择此命令可触发单次测量。

(2) 连续测量(Continuously)。使用命令"Measure/Continuously"启动连续测量。如果想监视光谱的连续变化就选择此种方式测量。测量时间的延迟是由曝光时间决定的。

(3) 定时测量(Timed)。选择命令"Measure/Timed"可以在特定时间自动启动一次测量。

① 开始测量的时间可在"Options/Timer"中设定。

② 如果选择了开始时间，可以启动"Measure/Timed"命令进行测量。接着出现一个窗口，显示当前的时间和所设定测量的启动时间。执行测量时将会关闭此窗口。

③ 可以通过"Cancel"命令放弃测量。

④ 在还没有达到启动时间之前，其他任何操作都不能执行。

（4）外部触发启动测量（Triggered）。选择"Measure/Triggered"命令，可以通过外部触发信号启动测量。对应的设置在"Options/Trigger"中。

（5）保存参考光谱（Get Reference）。如果在测量过程中发生了条件变化，必须建立一个新参考谱，可以利用"Measure/Get Reference"命令存储一次测量在非易失性存储器中，作为一种新的参考光谱，先前的参考光谱将被覆盖。

保存参考光谱时与选择的测量模式（绝对、转换、吸收等）无关，并以绝对模式测量、保存和显示。

3）View 菜单

View 菜单项包含了各种涉及光谱显示的功能，其菜单结构如图 11－10 所示。

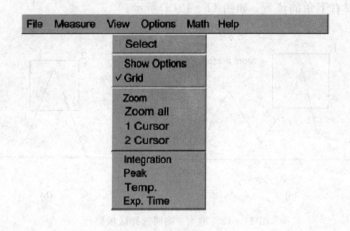

图 11－10　"视图"菜单

（1）选择（Select）。可以通过"View/Select"命令来选择在显示器上显示的光谱。选择此选项，将打开一个窗口，看到所有保存的光谱。

选择的光谱通过√标记。可以选择任意多想要的光谱，然后把它们显示出来。

最后选择"OK"键进入或"Cancel"退出。

选定的光谱将会显示在界面上。

OSM-400 是以彩色显示的，将有 12 种可选颜色列在界面右边，选择一个光谱和指定的颜色。选择 OK 后，光谱将以指定的颜色显示出来。

（2）设置选项显示（Show Options）。通过"View/Show Options"命令可以显示设置的幅度校正（Amplitude correction），暗电流校正（Dark-Current correction）、噪声滤波（Noise Filter），高斯滤波（Gauss Filter）与 X 轴刻度显示（X-Axis Dimension）选项功能，设置的选项将显示在屏幕的左上角，如图 11－11 所示。

（3）网格（Grid）。使用"View/Grid"命令，图形背景将放置网格。

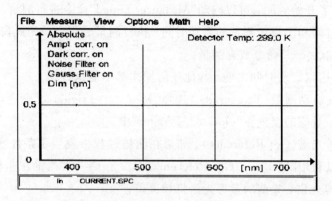

图 11-11　显示选择项

（4）放大(Zoom)。使用"View/Zoom"项，可以放大显示频谱的任意部分。

① 首先选择菜单中的使用"View/Zoom"命令功能。

② 先选择要放大区域左上角的位置。

③ 然后选择右下角的位置，如图 11-12(a)所示。

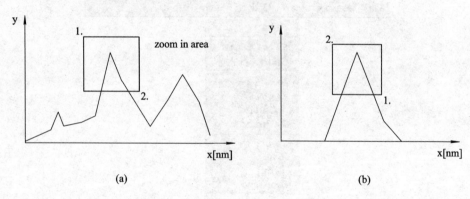

图 11-12　放大、缩回选择区域操作

④ 选择的区域将自动显示在屏幕上。可以对一个地区放大若干倍，直到 y 轴达到 0.15，x 轴达到 3 nm。

⑤ 离开缩放地区，首先在屏幕上点一任意点，然后在第一点的左上方点第二点，如图 11-12(b)所示。

⑥ 该区域将原来的设置显示。

⑦ 停用变焦功能，可再次单击"View/Zoom"命令。

（5）重绘放大区域(Zoom All)。可用于重新绘制放大前的谱线，与"View/Zoom"缩小相同的功能。

（6）光标 1(1 Cursor)。选择"View/1 Cursor"，可放置一个光标到光谱中。光标位置将在状态行显示出来。

例如，如果想知道光谱的尖峰，可以使用"View/1 Cursor"去设置光标，并观测所选择的测量点。

x 轴的位置坐标和对应的强度值显示在状态行，如图 11-13 所示。使用光标功能时缩放功能将无效。

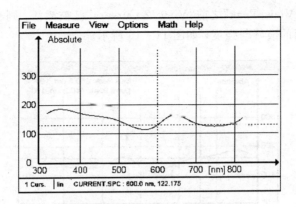

图 11-13　视图/光标 1

（7）光标 2(2 Cursor)。可以通过选择"View/2 Cursor"命令设置两个光标，两个光标的位置将显示在状态栏上。

例如，为了确定尖峰脉宽，可以通过使用命令"View/2 Cursor"在光谱上设定两个光标。设置一个光标在波峰的左边，然后将另一光标放在波峰的右边。在底边的状态栏会显示两光标的位置。

设置光标，用触笔在靠近想要设光标的地方点击，将会出现有网格的线条，然后在要设定光标的准确位置点击设置光标。第二个光标也以同样的方式实现。

（8）积分(Integration)。通过使用"View/Integration"功能，可以测定一部分曲线的积分。如果积分功能被激活，它就会被打上"√"号。屏幕上的"Area"后面跟着显示曲线下面总区域的值。如果"View/2 Cursors"功能是激活状态，那么这两个光标就充当了积分范围的两个边界，并且峰值范围也显示在屏幕上面。如图 11-14 所示。

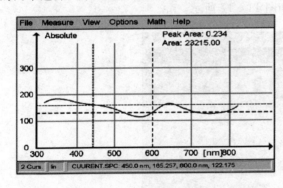

图 11-14　视图/积分

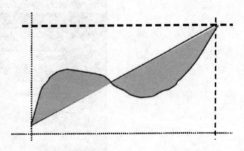

图 11-15　Peak Area 积分表示

曲线下面的全部区域都属于 Area 区域。

Peak Area 后面的值为积分范围对角之间的一条直线标明出来的上下曲线区域之和，如图 11-15 所示。它显示了这个范围内的线性偏移度。

积分范围（两光标位置）会显示在屏幕的下方的状态栏里。

（9）峰值测量(Peak)。使用"View/Peak"功能，可以确定光谱中的最大峰值及当前波峰的峰值。

① 选择菜单项的"View/Peak"，该功能将被标示为√，启动后，光谱的最高峰值(Max Peak)及强度将显示出来。

② 如果在选择"View/Peak"之前"View/2 Cursors"已被激活，则在 Max Peak 值的下面会显示两光标之间的波峰与强度，如图 11-16 所示。

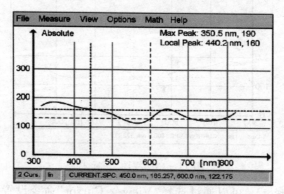

图 11-16　视图/峰值测量

（10）温度（Temp）。选择"View/Temp"后，探测器的温度值将会显示在显示器上，单位为 K。

（11）曝光时间（Exp. Time）。选择"View/Exp. Time"，曝光时间将会显示在显示器上。如果自动设定曝光时间被激活，自动曝光（Auto Exposure）和最大时间限制（Max Time Limit）等将显示在界面上。如果预先确定的曝光时间功能被选中，固定的曝光时间（Exposure Time Fix）和最大限制时间（Max Time Limit）将显示在显示器上。

4）Options 菜单

（1）测量（Measure）。使用"Options/Measure"可以设置曝光时间，是否需要自动曝光及测量模式（绝对模式、转化模式等）。

① 选择"Options/Measure"后，界面如图 11-17 所示。

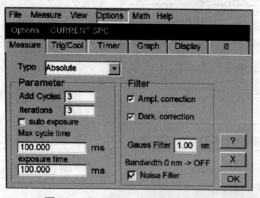

图 11-17　Options/Measure 界面

② 在 Type 列表中可以选择相应的测量模式。开启时默认为绝对（Absolute）模式。如果已保存了参考谱"REF. SPC"可以选择所有的测量模式：Absolute、% Transmission、Transmission、Reflection、Absorption、Optical Dens、Background subtr 和 LookUp Table。

③ Parameter 区域中，在 Add Cycles 里可以设置循环测量次数，显示结果为其均值。测量时间将随着测量次数而延长。

④ 通过增加 Iterations 的值，可以提高强度的动态范围。这样将能同时显示一个强信

号与一个弱信号。

⑤ 如果自动曝光时间被激活($\checkmark$ auto Exposure)，可以在"Max Cycle Time"中设置最大测量时间。可以以毫秒、微秒或秒为单位输入数据。选定单位，然后设定值，但要注意其最大值与最小值的限制。

⑥ 如果设定为固定曝光时间，则在 Exposure Time 中输入设定的曝光时间。可以按毫秒、微秒或秒为单位来输入数据。选定单位，然后设定值。

⑦ 为了减少信号噪声，可以激活噪音滤波器(Noise Filter)，噪音滤波器能抑制大于信号 0.01％的噪声。

⑧ 平滑的光谱将激活一个平滑功能(Gauss Filter)。可以设定高斯曲线选择的波长范围。要停用此功能，则设定范围为 0 纳米。

⑨ 对于传感器敏感度的非线性补偿，可以激活振幅校正(amplitude correction)功能。

⑩ 从实际测量中推导一个常量参数，可以激活暗电流校正(dark-current correction)。触发/冷却(Trig/Cool)。

通过"Options/Trig/Cool"可以设置外部触发测量参数及改变冷却器的设置状态(如果设备有冷却器)，其界面如图 11-18 所示。

⑪ 激活"input enable"后一旦收到外部 TTL 触发信号，则启动测量。

⑫ 可以选择上升沿触发(rising edge)测量。如果没有选中"rising enable"时则为下降沿触发测量。当"output enable"被激活时在测量期间可能输出一个 TTL 信号。

⑬ 可以选择低电平输出或高电平输出。

⑭ 选择温度单元可以输入想要允许的探测器温度。

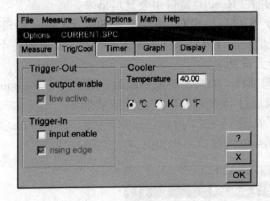

图 11-18　"触发/冷却"界面

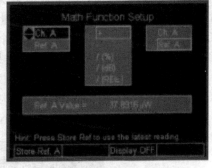

图 11-19　图形界面

(2) 定时(Timer)。对于单次测量可以使用"Options/Timer"设定测量起始时间。

① 当前系统时间显示在 clock/data 和 clock/time 中。

② 在 start 中可以输入想要的测量起始时间。

(3) 图形(Graph)。选择"Options/Graph"命令时，会出现一个对话框，如图 11-19 所示，可以设计显示的光谱图的样式。

① x 轴：如果自动比例显示功能被激发(Auto x)时波长范围由 OSM-400 自动设定。如果关闭自动比例显示功能，则可以选择显示最大与最小波长范围。

x 轴表示的含义能够被设定如下几种：纳米级波长；波数(1/波长)；相对波数(相对于 exLaser 值)。

② y轴：如果自动比例显示功能被激发（Auto y），每次测量显示则会自动适应采取的幅值，自动比例显示功能对于连续测量不太合适。

在这单元中可以设定要 y 轴按线性（lin）显示还是以（log）对数显示。

（4）显示（Display）。选择"Options/Display"后，可以调整显示器显示的对比度。选择其中的"Reset Contrast"可以返回设置默认值（对比度＝32）。

（5）输入/输出（IO）。选用"Options/IO"可能设置串口传输数据参数：波特率、中断方式、同步、数据位、握手方式及 TCP/IP 选项。在进行通信之前，请确定设置参数与另一终端的设置参数是否一致，否则数据传输将不能进行。

5）Math 菜单

此选择菜单项中，可以提供各种数学函数运算功能，其菜单如图 11 - 20 所示。

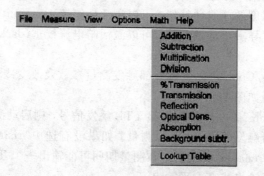

图 11 - 20　"函数"菜单

第一，其计算结果自动保存在内存中并在"Result"窗口中会显示出来。

第二，根据选择功能，结果被命名为 $add_1.SPC、$add_2.SPC、$sub_1.SPC、$mul_1.SPC 等。符号"$"表示这个变量是光谱计算结果而不是测量结果，后面为一个简化的运算名称及编号。".SPC"表示是一个光谱结果。

第三，此外，可以选择是不是显示结果曲线，如果不想显示结果，则激活"Hide source after calculate"功能。激活了这功能后可以通过"View/Select"查看结果曲线。

（1）相加（Addition）。该窗口的结构如图 11 - 21 所示，其中，（加）Addition、（减）Subtraction、（乘）Multiplication、（除）Division 的窗口结构相似。

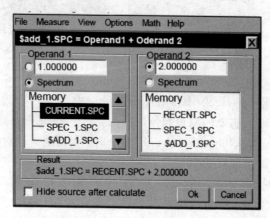

图 11 - 21　"加法"窗口

使用"Math/Addition"，可以实现加上一个光谱或加上一个常数的功能。

① 在"Operand 1"中，可以选择第一个操作为一个常数或一个光谱。光谱可在相应的光谱列表中选择，可以根据提示箭头向上或向下滚动找到对应的光谱。

② "Operand 2"的操作也一样，Result 栏将会显示相应的加法运算结果。

（2）百分比运算（％Transmission），其窗口结构如图 11 - 22 所示。此结构可针对％Transmission、Transmission、Reflection、Optical Density、Absorption 和 Background subtraction 进行操作。

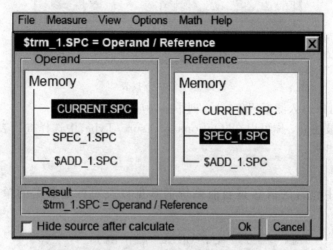

图 11 - 12　"转化"窗口

使用"Math/％Transmission"功能，可以在测量后进行百分比数据运算。转化的结果将以百分比的形式显示。

① 选择"Math/％Transmission"后会打开窗口，可以在窗口中选择测量曲线和参考曲线。结果是两者相除的百分比形式。

② 可以在 Result 区域看到运算公式及运算结果。

（3）比例运算（Transmission）。选择"Math/Transmission"后会打开窗口，可以在窗口中选择测量曲线和参考曲线，其运算是对两者相除，可以在 Result 区域看到运算公式及运算结果。

（4）反射（Reflection）。通过使用"Math/Reflection"这个功能可以计算和显示反射光谱的值，操作过程与"Transmission"一样。

（5）光谱密度（Optical Dens）。通过使用"Math /Optical Dens"这个功能可以在测量后得到光谱的密度值，操作过程与 Transmission 一样。

（6）吸收（Absorption）。应用"Math/Absorption"功能可以在测量后得到光谱的吸收值，操作过程与 Transmission 一样。

（7）背景辐射（Background subtr）。应用"Math/Background subtr"功能可以计算出测量时的背景辐射的大小，操作过程与 Transmission 一样。

（8）查找表（Lookup Table）。用"Math/Lookup Table"可以用于分布密度转换，这对于易变量的测量非常有用。其结构如图 11 - 23 所示。

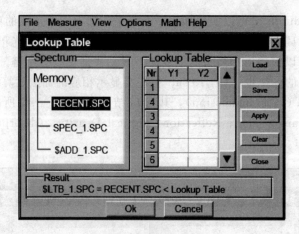

图 11-23　查找表

在 Y1 列中可以写入测量强度，Y2 列中是对应数值。

一旦查找表被建立，你可以在"Options/Measure/Type"中选择查找表，则测量密度就会转化数值显示出来。

6）Help 菜单

在帮助菜单中包含的信息是当前系统的数据以及对标定数据的单位，其结构如图 11-24所示。

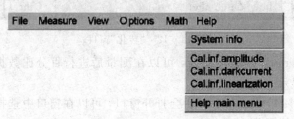

图 11-24　帮助菜单

选择"Help/System info"后，会打开一个信息窗口，如图 11-25 所示。该窗口包含的信息有 OSM-400 版本、软件版本、硬件修订和当前电池的负荷状况。如果用户的 OSM-400有以太网选项，也可以看见 TCP/IP 协议信息。连接外部电源时电池电量总是停留在约 100％处。

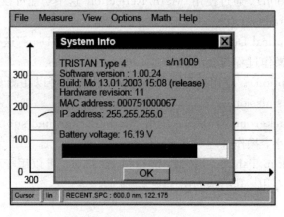

图 11-25　系统信息

（9）退出（Exit）。通过使用"File/Exit"结束程序。如果在结束程序以前没有激活自动储存，那么没有储存的数据将会丢失。OSM 分析仪也会储存已经设定的选项。

2. Measure 菜单

Measure 菜单包含了 OSM 系列的测量指令，其选项如图 11 - 29 所示。

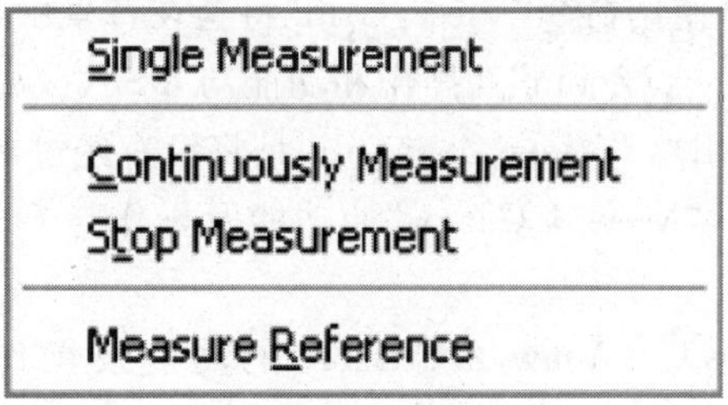

```
Single Measurement

Continuously Measurement
Stop Measurement

Measure Reference
```

图 11 - 29　测量菜单

（1）单次测量（Single Measurement）。通过这个指令可以执行一次利用 OSM 系列进行的单次的扫描测量，当前测量的进度状态将会显示在状态栏里。只要光谱被采集测量值后测量结果将会被显示在数据表格中，光谱也将会被显示在屏幕上。

每一次单次扫描测量都会产生一个以新的颜色和新的名字命名的光谱显示在屏幕上。光谱列表能列出 10 个光谱，但是所有光谱都能显示出来。如果用户想找到一个丢失的光谱就要利用"View/Select"窗口去重新选择必要的光谱或者删除它们。这样可以避免新测量出来的光谱选择选项只显示当前的光谱，而之前测得的光谱将会被取代。

（2）连续测量（Continuously Measurement）。这个命令可以用于执行一次连续的测量。运行这个命令的时候，除了"Measure/stop measurement"以外其它菜单都处于无效状态。只有一个光谱会被显示出来，当新测量时会改变显示的光谱。当储存光谱的时候所有连续测量的光谱会被储存到一个文件里面（多重光谱文件）。

（3）停止测量（stop measurement）。这个指令用于停止正在进行的连续测量进度。

（4）参考测量（Measure Reference）。通过使用这个指令 OSM 分析仪将执行一次单次测量并储存为一个参考文件。在进行转化、反射、吸收计算时，这个参考文件是必不可少的。OSM 分析仪为这些测量模式都使用了当前的参考文件。参考文件的波长范围、数量级和积分时间等必须与当前测量相同。在进行上述测量之前，首先需要执行一个参考文件的测量。

不管选择什么测量方式，参考标准都是以绝对的方式进行测量。因此当在测量过程中条件变化了而测量方式没变的情况下，也需要测量储存一个新的参考文件。

3. View 菜单

View 菜单包含了有关设定光谱范围的指令，其选项如图 11 - 30 所示。

（1）选择光谱（Select Spectra）。通过使用这个指令用户可以让所选择的光谱在光谱显示区域中显示出来。通过选中光谱名称前面的复选框可选择哪些光谱需要显示出来，哪些不需要显示出来。

通过选择"add"按钮用户可以装载光谱。通过选择"delete"按钮用户可以从这个窗口里面删除光谱。

（2）显示峰值（Show Peak）。"View/Show Peak"命令与 OSM 仪器上"View/Peak"命令的功能完全一样。

（3）曝光时间（Show Exp. Time）。"View/Show Exp. Time"与 OSM 仪器上"View/Exp. Time"的功能一样。

（4）对数（Logarithmic）。通过使用命令"View/Logarithmic"可以选择图像里 Y 轴是线性表示还是对数表示。

（5）网格（Grid）。通过使用命令"View/Grid"将会在背景中显示网格。

（6）放大（Zoom）。"View/Zoom"其操作和功能与 OSM 仪器上"View/Zoom"一致。

（7）退出放大（Zoom all）。"View/Zoom all"是将没有经过放大的状态还原出来。

（8）光标 1（1 Cursor）。"View/1 Cursor"的功能及操作与 OSM 仪器上"View/1 Cursor"一致。

（9）光标 2（2 Cursors）。"View/2 Cursor"的功能及操作与 OSM 仪器上"View/2 Cursor"一致。

（10）积分显示（Show Integration）。"View / Show Integration"的其功能及操作与 OSM 仪器上"View/ Integration"的一致。

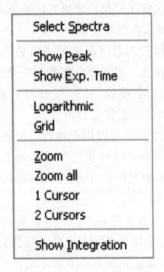

图 11-30　"视图"菜单

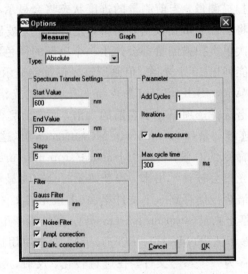

图 11-31　选项/测量

4. Options 菜单

点击菜单中的 Options 选项会弹出一个对话框。利用这个对话框可以进入关于测量、显示和数据传输的所有重要设定。

（1）测量（Measure）。通过使用"Options/Measure"可以设定测量的模式、光谱范围、测量步长和滤波器的设定和曝光时间。用户也可以激活自动曝光功能，如图 11-31 所示。

与 OSM 仪器上 Options/Measure 窗口相比，多了一个 Spectrum Transfer Settings 区域，在其中可以设定测量的波长范围和测量的步长。减小范围和增大数量级将会加快数据传输的速度。其余与 OSM 上参考的意义完全一样。

（2）图表（Graph）。运用这一菜单，可以对光谱的图形显示形式进行修改，其界面参考意义与 OSM 中的 Options/Graph 界面参数一样。其中只显示当前光谱，如果这个功能被选中，则每一个新的测量就不会产生新的光谱，但是它会替代最近选择的光谱。

（3）输入/输出（IO）。通过 Options/IO 可以选择连接方式（以太网、USB 或者串口连接)和设定参量。例如，对于串口连接的波特率、停止位、奇偶性、数据位和握手协议的设定，以太网连接的 IP 地址，USB 连接方式的光谱仪的序列号。

5．Math 菜单

Math 菜单结构如图 11 - 32 所示，这个菜单项目下面的数学运算都可以在记录光谱的过程中被使用。

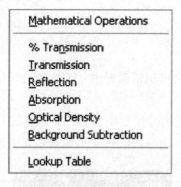

图 11 - 32　"Math"菜单　　　　　　图 11 - 33　"数学"运算窗口

（1）运算操作（Mathematical Operations）。如图 11 - 33 所示，通过 Type 的下拉列表可以选择加法、减法、乘法和除法运算。加法的结果用 add_X 表示，减法的结果用 sub_X 表示，乘法的结果用 mul_X 表示。X 为一个数字常量或者一个光谱，Operands 中选择一个光谱或输入一个值。

结果将会显示在 Result 栏内。可以选择是否显示曲线的来源。选择 Hide source after calculate 可以只显示运算之后的结果而且把运算来源光谱隐藏起来。

（2）百分比运算（%Transmission）。运用 Math/%Transmission 功能可以在一个光谱被测量以后计算并显示百分比运算后的曲线。选择 Math/%Transmission 以后，窗口如图 11 - 34 所示。可从 Operand 面板上选择一个测量曲线和从 Reference 面板内选择一个参考曲线。如果已经保存了一个参考标准光谱就会看到选项 Reference Scan。在这个选项里用

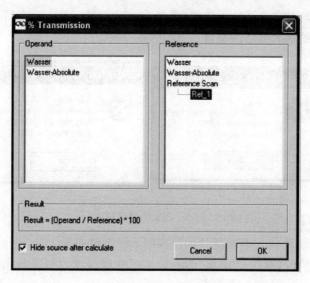

图 11 - 34　精确/ %传输窗口

户可以找到所有保存过的参考测量,其运算结果将以百分数的形式显示出来。可以在Result下看到运算的公式。

比例运算(Transmission)、反射(Reflecion)、吸收(Absorption)、光谱密度(Optical Dens)的操作与百分比运算相似。查找表(Lookup Table)的生成方法与 OSM 仪器上的操作方法一致。

11.2.2 故障提示

经常发生错误的原因和解决错误的信息如下。

当用户选择 COM 口不可使用的时候,将会出现错误提示,如图 11-35(a)所示。请确认在 Options/IO-Tab 里面选择正确的串口。

当 OSM 分析仪不能和 OSM 系列建立连接的时候发生的错误,如图 11-35(b)所示。请确认线缆的连接是否正确,OSM 是否打开和 Options/IO 里面的接口是否设置好。

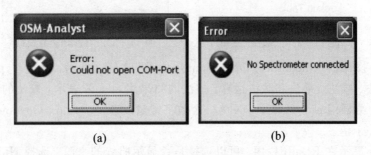

图 11-35 通信错误

当 OSM 里所选择的波长的初始值不能被设置时,将出现如图 11-36(a)所示的错误提示。请确认所选择的值是正确的(参考 Options/Measure)。在错误提示窗口里会显示出从分光计接收的最大值与最小值。

当所选择的显示波长的结束值不在光谱仪测量范围时,将出现如图 11-36(b)所示的错误提示,请确认所选择的值是正确的(参考 Options/Measure)。在错误提示窗口里会显示出从分光计接收的最大值与最小值。

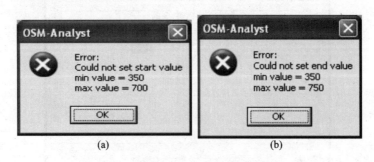

图 11-36 波长值设置错误(1)

当用户选择的纳米波长不在所处的范围时,将出现如图 11-37(a)所示的错误提示,请确认选择了正确的值(参考 Options/Measure)。在错误窗口里会显示出从分光计接收的最大值与最小值。

当高斯滤波器设置错误时，将出现如图 11 - 37(b)所示的错误提示。在错误窗口里会显示出从分光计接收的最大值与最小值。

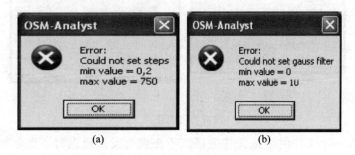

图 11 - 37　37 波长值设置错误(2)

当在 Add Cycles 或者 Iterations 里输入了错误的值就会出现如图 11 - 38(a)所示的错误提示。

当在 Add Cycles 里输入了错误的值就会显示如图 11 - 38(b)所示的错误提示。

图 11 - 38　输入值错误

当在 Iterations 里输入了错误的值就会出现如图 11 - 39(a)所示的错误提示。

当在 Max 里输入了错误的值就会出现如图 11 - 39(b)所示的错误提示。Cycle Time 或者 the Exposure Time 的最小值是 2.080 801 ms。

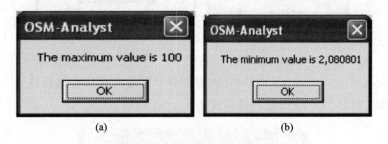

图 11 - 39　输入值错误

不设定和修改转换的测量模式的时候，由于没有设定参考测量值，就会显示如图 11 - 40(a)所示的错误提示。

当想要装载的文件因格式不正确而发生错误时，就会显示如图 11 - 40(b)所示的错误提示。

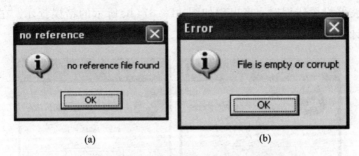

(a)   (b)

图 11 - 40　没有参考光谱或文件为空错误

　　当想要输入一个文件但是该文件的格式不正确而发生错误时，就会显示如图 11 - 41 所示的错误提示。

图 11 - 41　文件格式错误

　　当想要进行一个数学计算转换操作但是没有从左边选择一个参考光谱而发生错误时，就会显示如图 11 - 42(a)所示的错误提示。

　　当想要进行一个数学计算转换操作但是没有从右边选择一个参考光谱而发生错误时，就会显示如图 11 - 42(b)所示的错误提示。

(a)   (b)

图 11 - 42　未选择操作数错误

　　当想要利用 Transmission、Reflection 等操作，但是没有从右边选择一个光谱发生错误时，就会显示如图 11 - 43 所示的错误提示。

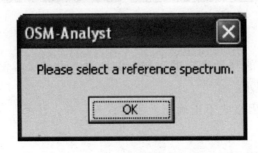

图 11 - 43　未选择参考光谱错误

11.3　光谱仪相关实验

11.3.1　OSM - 400 的操作实验

[实验目的]

1. 了解光谱仪的用途。

2. 了解光谱仪的结构组成。

3. 掌握光谱仪的操作方法。

[实验原理]

光谱仪是指利用折射和衍射产生色散的一类光谱测量仪器，典型的代表是用棱镜或光栅制成的摄谱仪和单色仪。光谱仪通常由入射狭缝、准直镜、色散元件、聚焦镜和谱线接收五个部分组成。图 11 - 44 表示光谱仪的这种构成情况。

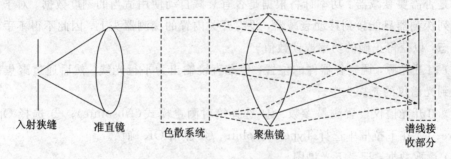

图 11 - 44　光谱仪系统结构

光谱仪可用于分析一光线中所包括的光谱，同时每种元素都产生自己特有的谱线。这些谱线都有固定的位置。例如，把含钠、钾、锂、锶等的盐类混在一起，放在火焰中燃烧时，通过分光镜观察，可以看到黄、紫、红、蓝等不同颜色的谱线，也就是说，它们在不同的波长处出现。如果只把含钠的盐放在火焰上燃烧，则会在紫色的位置、或红色的位置、或蓝色的位置出现谱线。这些有意义的发现，奠定了一种新的化学分析方法，即光谱分析法。

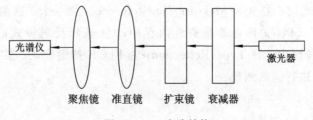

图 11 - 45　光路结构

本实验分别进行验证红、绿、蓝激光器发出光线的光谱范围，其系统的光路结构如图 11 - 45 所示。激光器发出的光线先通过衰减器，可以调节光强的大小，然后利用扩束镜，将其扩束为发射光线，利用准直镜将发散光线准直为平行光线，最后通过聚焦镜将光线聚焦到光谱仪的接收头上。

[实验仪器]

光谱仪；绿光激光器；红光激光器；蓝光激光器；调整架；白板；聚焦镜；准直镜；扩束镜；衰减器。

[实验步骤]

1. 测量光激光器的输出光谱范围

（1）利用聚焦镜、准直镜、衰减器设计测量光路。对于 918D 系列探测器（818 - XX 低功率检测器加上适配器），是否使用衰减器，可以根据如下几点来判断：

第一，极低功率测量，环境光线的变化在微瓦以下，可以选择使用探测器在光路中没有物理衰减器件。这将增加灵敏度及测量准确度。

第二，当用于高功率测量时，应该使用衰减器，以避免探测器的损害或饱和。推荐使用毫瓦至低功率范围衰减器。

第三，对于 918D 系列探测器集成（非移动）衰减器，在一个开关内置的探测器头上，自动检测是否需要衰减器。功率计将根据是否有衰减自动使用适当的刻度数据。对于 818 低功率系列探测器只能接到移动衰减器，没有开关内置的探测器头上，因此不得不手动选择衰减状态，以获得正确的功率或读数值。

（2）打开光源，调整各器件的位置，使准直镜输出为平行光线，然后通过聚焦镜使光线进入到光谱仪的光探头中。

（3）打开光谱仪设置测量参数：① 选择绝对测量模式（Absolute）；② 选择 Options/Measure；③ 在下拉框中选择 Type/Absolute；④ 点击 OK 确认。

（4）读取数据，记录下光谱图。

（5）改变光强的大小，重复上述测量过程。

（6）换不同波长的激光器，重复上述过程。

2. 针对红、黄、绿激光器测量某一物质的反射光谱特性

（1）利用聚焦镜、准直镜设计测量光路。

（2）打开光源，调整各器件的位置。

（3）打开光谱仪设置为反射测量模式，进行测量：① 设置实验安排并连接光纤线缆到 OSM - 400 上；② 打开照亮样本光源；③ 从参考样本中选择一个参考光谱，这个参考样本应该是未经反射的光谱；④ 选择 Measure/Get Reference，做一个单次测量，显示测量光谱并保存结果为 REF. SPC 文件在非易失性内存中；⑤ 选择反射模式；⑥ 选择 Options/Measure；⑦ 在下拉框中选择 Type/Reflection；⑧ 用 OK 按键确认；⑨ 放入想要测量的样品至测量区域；⑩ 进行读数测量。

[思考题]

1. 光谱仪还有什么用途？

2. 说明光谱仪的测量原理。

3. 测量结果与光强有关吗？

11.3.2　溶液光谱吸收特性测量

[实验目的]

1. 掌握 OSM－400 光谱仪的使用方法。

2. 掌握吸收光谱分析方法。

3. 掌握光谱仪的吸收光谱测量原理和方法。

[实验原理]

1. OSM－400 光谱仪的工作原理

光束进入光学过滤器并被有效传输至光谱仪。一旦进入光谱仪，则从光学过滤器发出的发散光束就会被一个球形镜校准使变成平行光束。平行光束经过平面光栅衍射，所产生的衍射光聚焦到第二个球形镜。光谱图像投射到一个一维线性 CCD 阵列，其数据将通过一个 A/D 转换器传输到计算机，如图 11－46 所示。

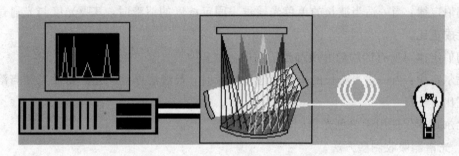

图 11－46　OSM-400 光谱仪工作原理

2. 吸收谱测量原理

利用物质分子对某一波长范围光的吸收作用，可以对物质进行定性、定量以及结构分析，依据的是物质对光波波长的选择性吸收。利用被测物质对某波长的光的吸收来了解物质的特性，这就是光谱法的基础。

本实验通过测量被测溶液对白光（白炽灯）或红、绿、蓝三个激光器合成光的吸收光谱特性，初步掌握一种光谱分析方法。

基本的光路结构如图 11－47 所示，其中三个输出分别为红光、绿光和蓝光的激光器发出的激光经两个半透半反镜合束。合束光通过被测溶液后，利用聚焦透镜将光线汇聚到光谱仪的接收探头上，实现对被测溶液的吸收光谱分析。

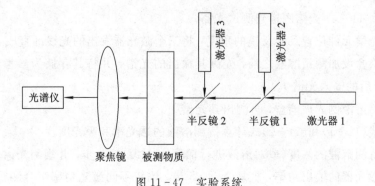

图 11－47　实验系统

3. 光吸收定律

1）透光率和吸光度

当一束单色光通过均匀的溶液时，入射光强度为 I_0，透射光强度为 I_t，则透光率为透射光强度与入射光强度之比，即

$$T = \frac{I_t}{I_0} \qquad (11-1)$$

定义透光率的负对数为吸光度

$$A = -\lg T = \lg \frac{I_0}{I_t} \qquad (11-2)$$

吸光度 A 值越大，表示溶液对光的吸收越大。

2）朗伯—比尔定律

朗伯定律：当一适当波长的单色光通过一固定浓度的溶液时，其吸光度与光通过的液层厚度成正比。

朗伯定律对所有的均匀介质都是适用的。

比尔定律：当一适当波长的单色光通过溶液时，若液层厚度一定，则吸光度与溶液浓度成正比。

比尔定律仅适用于单色光。

4. 光谱器吸收测量方法

（1）选择 Measure/Get Reference。做一个单次测量，显示测量光谱并保存结果为 REF. SPC 文件在非易失性内存中。

选择测量模式为 Absorption：① 选择 Options/Measure；② 选择 Type/Absorption；③ 按 OK 键确认。

（2）放入准备测量的溶液至玻璃器中。

（3）开始测量。

[实验仪器]

OSM-400 光谱仪；红、绿、蓝半导体激光器；实验导轨；调整架；玻璃盒；测量溶液；半反镜；透镜。

[实验步骤]

1. 按照图 11-47 光路图搭建测试光路。

2. 调整光学元件位置及半反镜的角度，将三个激光器发出的光线准直成一束光线。

3. 在玻璃盒没加测量溶液之前，先测其输出的光谱，并将其存储为参考光谱（该光谱即为加入溶液后的输入光谱 I_0）。

4. 将待测溶液倒入玻璃盒，再测出其光谱 I_t。

5. 利用式（11-1）和（11-2）式计算待测溶液的透光率和吸光度。

6. 改变待测溶液的浓度（或对溶液进行稀释），重复 4、5 步，并观测光谱变化。

7. 改变激光器的输出功率，重复 3、4、5 步。比较不同激光功率组合测得的溶液透光

率和吸光度。

8. 关闭仪器，清洗玻璃盒，摆放整齐实验设备。

[思考题]

1. 溶液光谱吸收特性测量的基本原理。

2. 分析不同光功率测得的吸收损耗产生差异的原因。

3. 如果要消除玻璃容器对损耗的影响，该如何测量？

4. 若以白光源(如白炽灯)为入射光，其测量结果又如何？

第 12 章　1918-C 手持光功率计的使用方法及实验

12.1　使用方法

12.1.1　系统概括

1. 前面板布局

1918-C 手持光功率计前面板布局如图 12-1 所示。

（1）带有一个 4 寸全彩色的液晶显示屏。

（2）Setup/Enter 和 Esc 键。

（3）水平（left/right）和垂直（up/down）箭头按键。

（4）显示屏下面有四个方框按键（其功能由显示屏上的提示来决定）。

（5）六个特定功能按钮：范围（Range）、模式（Mode）、保持（Hold）、滤波器（Filter）、λ（lambda）、零（Zero）。

2. 侧面板布局

1918-C 手持光功率计侧面板布局如图 12-2 所示。

（1）准备启动开关。这是一个打开或关闭设备的按下/按上的按钮。

（2）地管脚。用户可以把光纤仪表连接地以获得更高灵敏度。

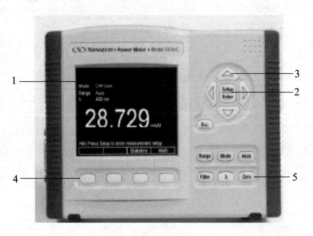

图 12-1　前面板布局

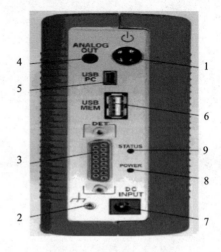

图 12-2　侧面板布局

（3）15 脚 D-Sub 光纤探测器输入端口。

（4）3.5 毫米插孔模拟输出端口。

（5）标注 USB PC 的 Mini USB 连接器。这个连接器是用于从 PC 向光纤仪表发送远程指令。

（6）标注 USB MEM 的 USB"A"连接器。这个连接器是用于保存在 USB 内存数据及扩展存储。

（7）DC 电源输入端。

（8）电源指示灯。电源指示器显示了电池充电电路的当前状态，即使当设备关闭了这个指示器，指示灯仍点亮。当外接电源从设备断开时，指示灯熄灭。

（9）状态指示灯。

12.1.2　系统操作

1. 开启仪器

按下在左面板右上角的电源按钮打开仪器，电池开始充电。如果光纤仪表第一次打开，请确保交流电源接通充电至少 4 个小时以上。在充电期间，光纤仪表是可以用来测量的。充电结束后，光纤仪表可以在没有外接电源的情况下使用。

想获得高精度和准确性，光纤仪表在测量之前应预热一小时。

2. LED 指示灯

有两个 LED 指示器，一个是电源的，一个是状态的。这两个指示器都安置在侧面板。

1）电源指示器

当用内部电池使设备工作时，电源指示器是不亮的。

当使用外部电源时，指示器有四种状态：不亮、红色闪光、一直红亮、一直绿亮。

当电池充电电路探测到已经充满电时，电源指示器将一直亮着。

当电池正在充电时，电源指示器将一直是红色的。

外部电源被应用和直到电池充电电路决定设备的内部电池是在安全充电后，指示器将一直是红色闪亮。闪烁时间范围可能从 1 s 到几分钟，取决于电池的初始状态。

当外部电源应用到这个设备时，当充电电路察觉到失败、有缺陷或缺少电池时指示器是不亮的。在没有电池时可以使用外部供电来操作设备。

2）状态指示器

当设备是打开和正常操作时，状态指示器每几秒钟将在绿和不亮之间交换一次。

3. 面板键操作

1）设置/确定键

设置/确定键是被安置在显示器的右边，如图 12-3 所示。这个键有复用功能。在图 12-4 中按下这个键来显示测量设置屏，如图 12-5 所示。当任何第二菜单是被显示输入数据或退出当前第二屏时也可以使用这个键。

图 12-3 导航/选择和设置/确定键

图 12-4 主屏

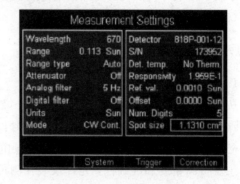

图 12-5 测量设置屏幕

2）退出键

图 12-3 中的退出键被用于取消当前动作。当在第二屏或菜单时，将关闭当前屏幕或菜单以及这个设备将返回主屏图 12-4。

3）导航和选择键

在显示器里的导航浏览和数据选择通过右上角的四组箭头键和设置/确定键进行操作，如图 12-3 所示。

如果设备处于设置模式或任何的配置屏幕，按下箭头键将选择不同的设置模式显示于当前屏幕。

4）软键

在屏幕的下方是由四个按键组成的一个组，其功能变化取决于测量模式和设置屏幕。每个键上显示的标签指示它们的功能，如图 12-6 所示。

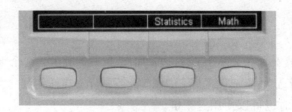

图 12-6 软键

5）专用键

六个专用功能键在面板的右下角部分，如图 12-7 所示。这些键每一个都可以用于执行给定的功能。

（1）范围（Range）。当按下此键时的显示如图 12-8 所示。

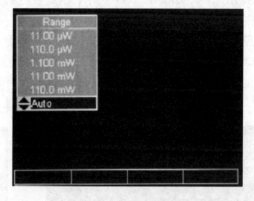

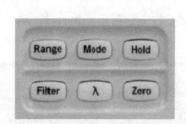

图 12-7　专用键　　　　　　　　　　图 12-8　手动范围模式

从这个屏幕可知用户有以下两个选项。

① 自动/手动范围切换：通过左边软键完成。

如果仪表的当前位置是手动模式，左下角被标注为自动（Auto），用户能够通过对应软键更改进入自动幅度模式。由图 12-8 可看出是范围为 1.000 W 的手动模式。

如果该设备是在自动模式，左下角部分是被标注为手动（Manual），用户能够通过对应软键更改进入手动幅度模式。用户可以通过按下 Esc 键来返回主屏。

② 另一个选项是按右下角的软键，其被标注为配置（Config）。按此软键则显示配置范围屏幕，在此屏幕上用户可通过导航/确定键来选择某一范围或自动范围模式。如图 12-9 所示，这个范围的大小取决于使用的探测器。一旦选定某一个范围将返回主屏。当处于范围配置屏幕，用户可以通过敲击 Esc 键来取消选择。

（2）模式（Mode）。模式键显示界面如图 12-10 所示。根据导航/输入键的应用，用户可以选择不同的测量模式或显示模式。Esc 键可以取消选择和使设备返回到主屏。

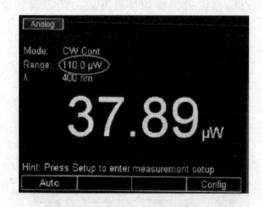

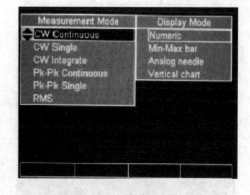

图 12-9　Config 软键操作　　　　　　　图 12-10　模式选择屏幕

（3）保持（Hold）。保持键在保持当前测量值或实时显示测量值之间切换。当处在保持模式时，数字显示被冻结和左上角的显示读取值保持（Hold）标记。

当保持键被再次按下时显示器开始实时测量显示。Esc 键对保持状态不起作用。

（4）滤波（Filter）。滤波键允许用户应用模拟滤波器或数字滤波器或两者去检测信号。这个键显示于屏幕如图 12 - 11 所示。软键被重新配置为滤波选择功能，从左至右，第一个键为对检测信号应用模拟滤波器，第二个键为数字滤波，第三个为两种滤波器。当对应滤波器被选中时，软键上方相应标签有一个高亮度背景，并且滤波器名称被显示于左上角。第四个软按键是用于滤波器配置，当选定时屏幕如图 12 - 12 所示。使用导航/输入键，用户可以选择滤波器选项。如果回车键（Enter）没有按下，按 Esc 键可取消选择，使仪器回到主界面。如果回车键被按下，选择被确定，返回主界面。

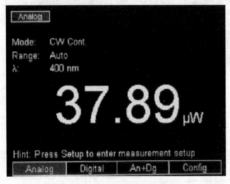
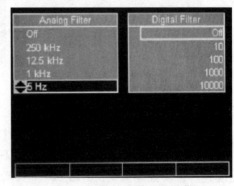

图 12 - 11　过滤器选择屏幕　　　　　图 12 - 12　过滤器配置屏幕

数字滤波值可被编辑。当数字滤波器值中的一个被选中，最右上角的软按键将能进入编辑值。按下该软按键将显示光标在第一位数值上，通过导航上/下键修改该位数值，而左/右按键移动光标到下一位数字上。完成时，按 Enter 键存储数字滤波器的新值。

（5）波长（λ）键。按 Lambda（λ）键则进入 Default 与 Custom 波长值显示屏幕，如图 12 - 13 所示。此界面可让用户在测量过程中选择一个默认的波长，或选择自定义的波长。

（6）零点偏移设置键（Zero）。零点偏移设置键，零键用于在测量过程中确定临时零点。当用户按下此键时，仪器将显示的数值为抵消和减去后续所有测量值的结果。所抵消的偏移值显示在主屏幕上方，如图 12 - 14 所示。零点偏移设置键将切换打开或关闭零偏移设置。按 Esc 键对零点偏移设置功能不影响。

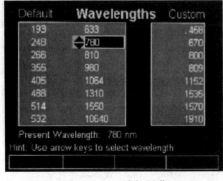
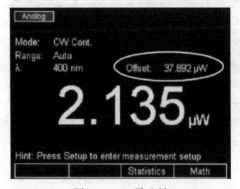

图 12 - 13　波长屏幕　　　　　　　图 12 - 14　零选择

6）测量设置

测量设置屏有双重功能。一个是在一个屏幕上方便用户更改的所有测量设置，另一个是把所使用的探测器信息反馈给用户。

当按下设置（Setup）/回车（Enter）键，则进入测量设置界面，如图 12-4 所示。

在测量设置屏幕，用户可以选择波长（wavelength）、范围（Range）、幅度类型（Range type）、光束衰减器（attenuator）、模拟滤波器（Analog filter）、数字滤波器（Digital filter）、计量单位（Units）、计量模式（Mode）、光斑大小（Spot size）、位数显示（Num Digits）、补偿量（Offset）的设置。

（1）范围选择和范围类型。范围显示具有双重功能：

第一，显示当前选择的范围类型是否被用户选中，选择的范围类型是手动范围模式或通过系统自动范围模式。

第二，允许用户更改范围，通过按导航/选择键使光标处于各种范围之上。按回车键，显示现有功能允许幅度范围的下拉菜单将会出现。选择所想要的范围，并按下 Enter 键。

如果在自动幅度模式下，一旦一个范围被选定，它会切换到手动范围模式。选择对应的范围类型和改变幅度为自动幅度模式将回到自动幅度模式。

（2）衰减器开/关。如果探测器配备有一个衰减器（如 918D 系列），1918-C 检测其状态（打开或关闭），并显示其状态在该区域。

用户可手动安装在探测器（如 818 系列），也可以选择手动设置衰减器打开或关闭。把光标移至衰减范围上，通过上下键选择开/关选项，并按 Enter 键。

（3）模式选择。此设置允许用户改变测量模式，有如下的模式：① 连续波连续运行（CW Cont）；② 连续波单次发射（CW Single）；③ 连续波积分（CW Integ）；④ 峰峰值连续运行（Pk-Pk cont）；⑤ 峰峰值单次发射（Pk-Pk Single）；⑥ 脉冲模式连续运行（Pulse Cont）；⑦ 脉冲模式单次发射（Pulse Single）；⑧ 有效值测量（RMS）。

（4）探测器信息反馈。测量设置屏幕显示探测器提供的数据或探测器内部存储器的信息有探测器型号（Detector）和探测器序列号（S/n）。如果探测器有内部温度传感器则会有检测器温度（Det. temp）和探测器灵敏度（Responsivity）。

7）电源管理

电源管理设置屏幕用来选择该仪器电源储蓄行为。降低液晶显示器背光强度从而大大减少了仪器的电源功耗，增加了电池的使用时间，同时可以使用内部的电池供电，当仪器处于"待机"模式时，能耗将进一步降低。

在测量设置屏幕通过按电源软键可以进入电源管理设置屏幕，电源管理界面如图 12-15所示。当仪器是使用电池电源时，使用左栏设置；当仪器通过外接电源供电时，使用右栏设置。

默认情况下，液晶显示器背光设置为最大亮度。在选定的时间内没有通过键盘输入或通过 USB 接口通信，该仪器将进入"低背光"模式。在此模式下，仪器功能正常。当其键盘上任何键被启动或通过 USB 接口收到命令时，该显示器将恢复其强背光。背光等级可以以 25％为步长从零递增至 100％。

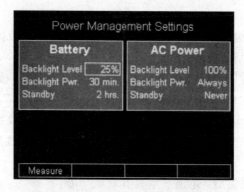

图 12 - 15　电源管理设置屏幕

Backlight Pwr 用来设置键盘或 USB 指令激活后"强背光"降至"低背光"模式所需时间。可用的设置是 1 min、5 min、30 min、2 h 或一直。当"一直"被选中，显示将总是处于最大背光强度。

在待机模式时，测量将不会进行，液晶显示器背光灯完全关闭，当键盘被触发或接收到 USB 命令时，该仪器将继续监测。

8）触发设置

触发设置屏幕可从测量设置屏幕的 Trigger 进入。1918-C 系列拥有先进的触发设置允许用户同步测量。

（1）触发启动。触发启动用于告诉系统什么时候测量一个数据或一组数据，它可以设定为不同的方式：① 持续，系统始终触发测量；② 软键，系统可以使用主界面上的软键进行触发测量；③ 指令，系统通过外部指令（PM:TRIG:STATE）触发。

（2）触发停止。触发停止用于告诉系统什么时候停止测量。对于单次测量，触发停止则准备下次测量。它可以设定为以下不同的方式：① 永不停止，系统不断测量。② 软键，软键被按下时该系统停止测量，此按键处于主界面上。③ 指令，通过外部指令（PM:TRIG:STOP）停止系统测量，通过 USB 接口发送。④ 值，当测量信号到达用户设定值时，系统停止测量。⑤ 时间，当前测量时间为用户编程设定时间时，系统停止测量。⑥ 抽样次数，当前测量次数为用户编程的测量数时，系统停止测量。

9）波长设置

NewPort 探测器具有校准模块与存储波长表的内部存储器。如果 Lambda（λ）键被按下，波长屏幕显示以纳米（nm）为单位，显示如图 12 - 13 所示。屏幕上有两个栏，左栏显示用于工业中的常见波长值，右一栏是自定义波长值。

当用户在左侧栏中选择一个预先定义的波长，1918-C 将锁定对应波长在响应表中的探测器校准模块。如果对应波长值没有找到，系统会使用插补法计算响应值。

波长屏幕的右栏中为用户提供的选项来设置自定义的波长。使用导航键使光标处在号码值中之一，最右边的软键为编辑键，按编辑键来修改自定义数值。

10）显示颜色

针对在实验室环境中，特别是当人们使用防护眼镜时。该仪器在任何时候都可以改变显示的配色方案。

　　要更改显示的颜色首先按下回车/设置键，然后通过重新配置（System Settings）软键，导航到色彩的选择（Color Selection），改变屏幕颜色，也可通过（Brightness）改变屏幕亮度，默认值是 100%。如图 12-16 所示，同时 USB 地址（USB Address）也可在此处设置；按下"About"软键将产生另一个屏幕，有关单元的硬件版本、序列号、校准的日期；此外，所附的探测器数据将被显示。

图 12-16　系统设置屏幕

　　11）统计

　　1918-C 可以显示统计测量过程。从主屏幕按"Statistics"软键进入。统计界面显示如图 12-17 所示。

　　左栏显示当前统计设置。统计功能有两种模式：固定模式与连续模式。

　　当处于固定模式时，针对固定数量的样本，统计出最小值（min）、最大值（max）、范围、均值、标准差（Std. Dev），并将统计值显示在右栏。在图 12-17 中统计出以时间间隔为 100 μs，取样本个数为 10000，这意味着统计计时了 1 s。

　　如果是固定模式，统计完接近的 10000 个样本后，最后的统计值将被清除，并重新开始计算下一个测量值。

　　在连续模式下，统计计算都以同样的样本数量 10000 来进行处理，但这些样本以先入先出（FIFO）的方式实时更新。系统启动填补 10000 个样本的样本表统计现有的样本数。当表被填满，下一个样品到来时，系统弹出在表中的第一个测量数据，将所有样本移到整个列表的下一位，并把下一个测量值放在 10000 的位置上。针对新表统计重新计算，并重复下一个测量过程。

　　Clear stats 软键为用户提供选项来随时清除统计值，可返回到默认的屏幕。

　　图型（Graph）软按键显示最近 10000 测量值的时间图表，如图 12-18 所示。由于 100 μs抽样的时间间隔，图示时间范围为一秒。图宽度为 270 像素，正因为如此，系统的 10000 个样本有大部分被丢失，以适应这一固定数量的像素。因此，如果图形倍率设置为 1，图像看起来是振荡的。

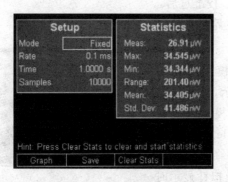

图 12-17　统计屏幕

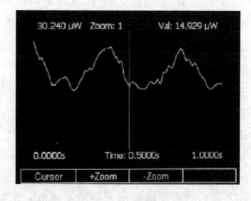

图 12-18　图屏

用户可以用软键放大(＋Zoom)和缩小(－Zoom)缩放图像。随着图形缩放变化将会得到一幅比较好的测量图。缩放值保留在屏幕上方,按放大键可将图形放大到前一幅图的 2倍,按缩小键可将图像缩小 1/2。

最大值显示在显示屏的左上角。如果光标(Cursor)软按键被按下,一条垂直线(游标)将显示。用户可以直接用导航键向左或向右移动光标来读取图形测量值。当前值会显示在右上角并用一个红色的小点标明在屏幕上。

12) 数学运算功能

数学运算结果显示在右上角的数学区域,要显示数学区域,用户可在主界面选择标示数学的功能键,显示数学配置屏幕。

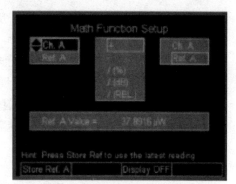

数学运算功能可用于实时测量值与参考值进行加、减、乘或除运算。

在数学配置界面中,用户可以使用导航键来建立数学表达式,如图 12-19 所示。从第一列中用户可以选择表达的第一个变量,第二列则为操作符,第三列为第二个变量。做好选择后,按回车键,系统返回到主界面。

当系统是第一次开机时,参考值被设置为默认值 1。该参考值存储并显示选定的单位。

图 12-19　数学配置屏幕

如果显示的单位变化,用户需要更新存储参考值。用户可以使用命令(PM:REF:VAL value)改变参考值。

13) 测量校准设置

1936/2936 系列功率计通过"校正设定"画面向用户提供校正实际测量值的功能。在"测量设置"界面用户通过"校正(Correction)"软键可进行测量校准设置界面。

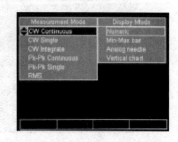

校正设定界面如图 12-20 所示,在该界面中用户可输入"补偿(Offset)"量,还有两个乘数:"Multiplier 1"(M1)和"Multiplier 2"(M2)。通过式(12-1)校正测量值。

$$R = [(D \times M_1) - O] \times M_2 \qquad (12-1)$$

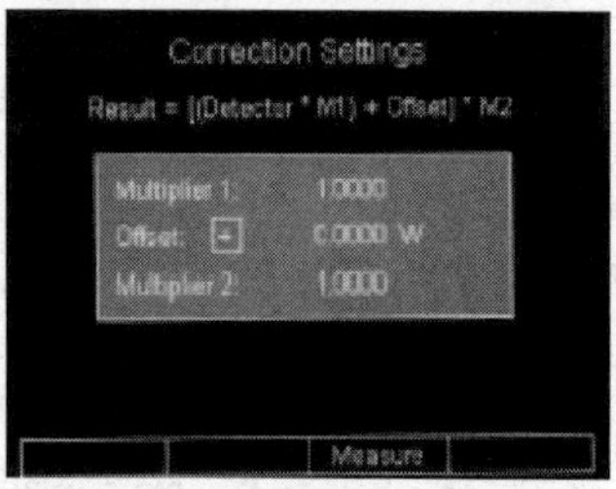

其中,R 为校正结果,D 为测量值,O 为补偿值。校准过后,

图 12-20　校正设置

主测量屏幕将显示校正结果。检测值将显示在主界面底部称为"Detector"的区域。

14) 显示模式

显示模式的选择可以通过按默认屏幕上的模式(Mode)软按键进入,显示模式选择画面如图 12-21 所示,可以从第二栏选择显示模式,有数字显示(Numeric)、模拟进度条(Analog Bar)显示、模拟针指示(Analog Needle)、直方图(Vertical Chart)显示。

数字显示时将实时显示采得的实际值,在模拟针显示时一个垂直的标记随着显示的数值移动。

图 12-21　模式选择屏幕

（1）模拟进度显示。模拟进度条显示模式将在数字显示的下面产生进度条形图。条形图是白色的，并表现显示的数值，如图 12－22 所示。条形图最低和最高显示标签略低于输入范围。例如，如果该设定输入范围为 110 μW，则条形图显示的范围为 0～109.99 μW。

主记号代表 10% 的刻度，次记号代表 5% 的刻度。

如果软键（Show Max）被选中，最高值被保留并显示在条形图的红色部分。如果当前的测量值大于上一次最大的测量值，红色条每测量一次更新一次。除了最大的值用红色条表示外，最大值的大小显示于上述条形图中的"Max＝"。如果软键（Show Min）被选中，最低值被保留并显示在条形图的绿色部分。如果目前的实测值小于前一次测量值，绿色栏中每测量一个值就更新一次。除了最低值用绿色条表示外，最小值的大小显示于上述条形图中的"Min ＝"。

最高和最低的栏可以利用重置 m/M 软键重置。为了用户能够方便调整最高和最低值，1918-C 提供了自动缩放（Auto Zoom）功能。当自动缩放功能键被按下新条形栏出现在模拟栏之上，该栏的长度是模拟栏的 2%，并且显示结束附近区域。

自动缩放条与模拟条一样，显示当前的测量值。但是它对误差更加敏感，因为最大误差是模拟栏的＋/－1%。如果显示最高或最小软按键被按下时，则表现与模拟栏一样，显示红色的最高值或绿色的最低值，如图 12－23 所示。

图 12－22　模拟栏图

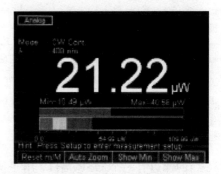
图 12－23　自动缩放

（2）直方图显示。当直方图显示被选定，数字显示移到右上角。当前的测量值将被显示，可以用清除（Clear）软键清除图表，图表的峰值是从上次清除以来测量的最大值。图表的下面，为记录的最高和最低值。在同一行中的中间，有图表缩放倍率的信息及每条表线的采样数，如图 12－24 所示。

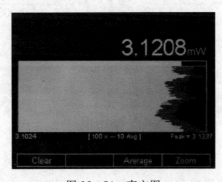
图 12－24　直方图

图 12-24 中所示的 100X-10Avg 意味着，当画一条线时，该系统显示前 10 次测量值。测量列表中最低值为白色，红色为最高值。

用户可以通过选择平均（Average）软键改变测量次数。如果选择一次测量，图表颜色呈白色的，说明每行的最大和最小是相同的。通过缩放软键，用户可以通过向上或向下的导航键缩放图像。

12.1.3 测量模式和单位

测量模式分为三类：连续波、峰峰值和脉冲。测量数据可以通过不同单位进行显示，探测器类型和测量模式确定了显示单位的设置。表 12-1 说明了对于每个探测器可用的测量模式。

表 12-1 探测器可用的探测模式

探测器系列	直流平均功率	完整能量	峰-峰值功率	脉冲到脉冲能量（单个或连续）
低功率（918D、918L 和 818 系列光电二极管）	是	是	是	否
高功率（818P 系列热电探测器）	是	是	否	否
能量（818E 系列焦热电探测器）	否	否	否	是

根据探测器的使用将 1918-C 设置到具体的默认测量模式。所有 NewPort 探测器有内在逻辑或校准模块。根据保存在探测器内部的数据，功率计能自动配置本身和设置模式、范围、滤波器、速率等用户参数。用户在设置屏幕上可以改变探测器的默认模式。

12.1.4 软件的使用

1918-C 的侧边有一个 USB 接口，用于使用操作程序连接到计算机。计算机上有一控制软件是用于用户远程控制仪器，其界面如图 12-25 所示。

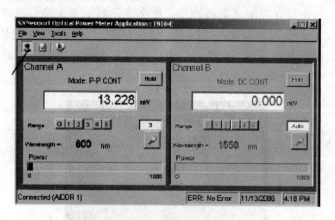

图 12-25 前面板的应用

1. 一般操作

这个应用软件用于用户设置和远程监测设备，其配置选项如图 12-26 所示。

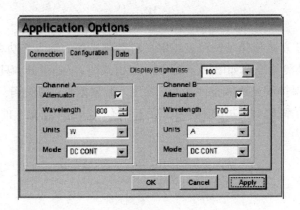

图 12-26　应用高级选项(配置选项卡上)

2. 连接

启动应用程序,它将检测和连接到光功率计。1918-C 光探测器只有一个通道,因此 B 通道是无效的灰色。

3. 菜单结构

在 File 菜单里有退出应用程序选项。在 Edit/Advance 菜单里具有很多的配置设定选项,包括通道设置和数据记录选项等。在 Help/About 菜单则显示有关应用软件信息,如果仪器被正确连接在通信时可以显示硬件版本信息。

12.2　光功率计相关实验

使用光功率计测量光纤衰减特性

[实验目的]

1. 掌握用剪断法测量光纤衰减的原理和方法。

2. 熟悉光纤端面制备的方法。

3. 掌握光功率计的工作原理和使用方法。

[实验原理]

由于损耗的存在,光纤中传输的光信号,不管是模拟信号还是数字脉冲,其幅度都要减小。光纤的损耗在很大程度上决定了系统的传输距离。光纤损耗的机理主要包括光纤介质的吸收损耗和散射损耗。

一般条件下,在光纤内传输的光功率 P 随传输距离 z 的变化,可以用下式表示:

$$\frac{\mathrm{d}P}{\mathrm{d}z} = -\alpha P \tag{12-2}$$

其中,α 表示损耗系数(单位 $1/\mathrm{m}$)。设长度为 L(单位为 km)的光纤其输入光功率为 P_i,根据式(12-2)输出功率应为

$$P_0 = P_i \exp(-\alpha L) \tag{12-3}$$

习惯上,光纤的损耗单位用 dB/km,光纤的损耗由式(12-3)得到:

$$\alpha = \frac{10}{L} \lg \frac{P_i}{P_0} \tag{12-4}$$

剪断法测量光纤衰减损耗是按照衰减定义对被测光纤的输入光功率和输出光功率进行直接测量的方法,其测量原理如图 12-27 所示。由式(12-4)可知,只要测量长度为 L_2 的光纤输出功率 P_2;保持激光注入条件不变,在注入装置附近剪断光纤,保留长度为 L_1 的短光纤,测量其输出功率 P_1(该功率值即为长度 $L = L_2 - L_1$ 这段光纤的输入光功率),则长度为 L 的光纤损耗为

$$\alpha = \frac{10}{L_2 - L_1} \lg \frac{P_1}{P_2} \quad (\mathrm{dB/km}) \tag{12-5}$$

图 12-27 截断法测光纤损耗

[实验仪器]

光功率计(Newport 1918-C);光纤架;光纤刀;可调谐激光器;透镜;光纤。

[实验步骤]

1. 按图 12-27 所示连接测量光路。

2. 打开激光光源的驱动电路,调节光源输出光功率至适中水平。

3. 将被测光纤一端切好端面,并使光束耦合进入光纤。

4. 激光器发出的激光通过透镜汇聚注入被测光纤,然后利用光功率计在 2 点测量光纤输出光功率 P_1。

5. 保持光源注入条件不变,将光纤在离注入点 1～2 cm 的 1 点处剪断,用光功率计测量光源入纤光功率 P_2。

6. 测量 1 点和 2 点之间的光纤长度 L。

7. 按式(12-5)计算光纤的衰减系数。

8. 改变注入激光器的波长,重复第 1 步～第 7 步,并绘出损耗谱图(即波长—损耗系数图)。

功率计的操作说明:

(1) 用吹气球清洁功率计探测头。

(2) 通好电源,打开电源开关。

(3) 待功率计显示屏稳后,关闭实验室所有光源,选择控制面板下 Menu—>Zero all 菜单进行清零。清零完成后打开房间光源。

(4) 将功率计接入实验光路,从液晶面板上读取相应的功率值,探测波长和功率单位可以在控制面板 Menu 菜单下 Wavelength 和 Power 选项设置。

(5) 关闭电源开关,拔出插座,整理好桌面和器材。

可调谐激光器使用说明:

(1) 用吹气球清洁可调激光器的输出适配器。

(2) 通好电源,打开电源开关。

（3）待激光器液晶面板稳定显示波长值和功率值后，打开 LD 开关。

（4）激光器的波长和光功率在控制面板 Menu 菜单下 Wavelength 和 Power 选项设置。光功率的单位（mW、dBm、dB 可选）在 Menu 菜单下 Power Unit 选项设置。

（5）实验完毕关机前将功率和波长调回原值，功率调到最小。

（6）关闭 LD 开关。

（7）关闭电源开关。

（8）拔出插座，整理好桌面和器材。

1918-C 光谱仪连续测量方法：

（1）连接好 918D（818-XX 低功耗探测器）或 818P 系列探测器到功率计上，启动后，按模式键，然后通过导航键选择连续测量（CW Continuous）模式。设置范围为自动，然后按 Lambda(λ) 键，设置测量波长为所需的值。然后使用 Esc 键返回到主屏幕。

（2）不让被测光线输入，然后按（Zero）零键进入零位补偿设置界面。这能有效地消除背景光线对测量的影响。

（3）最后使被测光线照入探测器，并注意显示的价值。在这一过程，假定环境光强在进行零点校正与测量光强之间没有改变。

[思考题]

1. 分析光源波段对测量结果的影响。

2. 光纤的弯曲程度对测量结果有影响吗？并说明其原因。

3. 测量误差产生的主要原因有哪些？有何改进方法？

第13章 光时域反射仪的使用方法及实验

13.1 使用方法

利用 OTDR 进行光纤线路的测试，一般有三种方式：自动方式、手动方式、实时方式。当需要概览整条线路的状况时，可采用自动方式，它只需要设置折射率、波长等最基本的参数，其他由仪表在测试中自动设定，按下自动测试键，整条曲线和事件表都会被显示。这种方式测试时间短、速度快、操作简单，宜在查找故障的段落和部位时使用。手动方式需要对几个主要的参数全部进行设置，主要用于对测试曲线上的时间进行详细分析，一般通过变换移动游标、放大曲线的某一段落等功能对事件进行准确定位，提高测试的分辨率。增加测试的精度，在光纤线路的实际测试中常被采用。实时方式是对曲线不断地扫描刷新，可以对光纤线路进行实时监测。

1. OTDR 的使用步骤

(1) 连接光模块、适配器和测试尾纤，启动机器。首先清洁测试侧尾纤，将尾纤垂直仪表测试插孔处插入，并将尾纤凸起的 U 型部分与测试插口凹回的 U 型部分充分连接，并适当拧固。在线路查修或割接时，被测光纤与 OTDR 连接之前，应通知该中继段对端局站维护人员取下 ODF 架上与之对应的连接尾纤，以免损坏光盘。

(2) 参数设置。

波长选择(λ)：因不同的波长对应不同的光线特性(包括衰减、微弯等)，测试波长一般遵循与系统传输通信波长相对应的原则，即系统开放 1550 波长，则测试波长为 1550 nm。有 1310 nm 和 1550 nm 两种波长供选择，一般 50 公里以下选择 1310 nm，50 公里以上选择 1550 nm。

脉宽(Pulse Width)：脉宽周期通常以 ns 来表示。仪表可供选择的脉冲宽度一般有 10 ns、30 ns、100 ns、300 ns、1 μs 和 10 μs 等参数选择，脉冲宽度越小，取样距离越短，测试越精确，注入光平低，可减小盲区；反之则测试距离越长，但在 OTDR 曲线波形中产生盲区更大，精度相对要小。脉冲宽度的选择同样取决于被测光纤的长度，当需要测试长距离的光纤时，尽量选用较大脉宽，而若要测试短距离光纤，则最好选择较小脉宽，由于脉宽的大小决定了空间分辨率，所以测试时，在曲线信噪比许可的情况下，尽量选择小脉宽，会得到事件点更准确的结果。根据经验，一般 10 km 以下选用 100 ns 及以下参数，10 km 以上选用 100 ns 及以上参数。

测量范围(Range)：OTDR 测量范围是指 OTDR 获取数据取样的最大距离，此参数的选择决定了取样分辨率的大小。选择距离量程时，必须注意所选距离量程要大于被测光纤的长度，最好大于被测光纤长度的两倍，以防止光纤末端二次反射的影响。一般选择实际距离的 2 倍，若在设备屏幕右边出现 16 km/8 m 的字样，则表示距离 16 公里每 8 米采集一个数据。

平均时间：由于后向散射光信号极其微弱，一般采用统计平均的方法来提高信噪比，平均时间越长，信噪比越高。例如，3 min 的获取时间将比 1 min 的获取时间提高 0.8 dB 的动态。但超过 10 min 的获取时间对信噪比的改善并不大。一般平均时间不超过 3 min。

光纤参数：光纤参数的设置包括折射率 n、后向散射系数 n 和后向散射系数 η 的设置。折射率参数与距离测量有关，后向散射系数则影响反射与回波损耗的测量结果。这两个参数通常由光纤生产厂家给出。

取样时间：仪表取样时间越长，曲线越平滑，测试越精确。

事件阈值：指在测试中对光纤的接续点或损耗点的衰耗进行预先设置，当遇有超过阈值的事件时，仪表会自动分析定位。

（3）数据获取和曲线分析。参数设置好后，OTDR 即可发送光脉冲并接收由光纤链路散射和反射回来的光，对光电探测器的输出取样，得到 OTDR 曲线，对曲线进行分析即可了解光纤质量。以 CMA8800 光时域反射仪为例：按下设备右面板上的红色按钮（TEST/STOP）开始测试，测试 1～2 分钟即可。按 A/B SET 选定游标 A，转动旋钮，将游标 A 移动到过渡光纤尾端接头反射峰后的线性区起始点，然后按 A/B SET 选定游标 B，转动旋钮，将游标 B 移动到被测光纤的尾端反射峰前，图 13-1 所示即为光时域反射仪测试结果图。

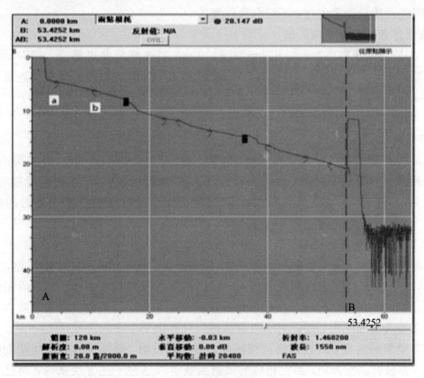

图 13-1　光时域反射仪测试结果图

在图 13-1 中，信号曲线横轴为距离（km），纵轴为损耗（dB），前端为起始反射区（盲区），约为 0.1 km，中间为信号曲线，呈阶跃下降曲线，末端为终端反射区，超出信号曲线后，为毛糙部分（即光纤截止电点）。

图 13-1 中所示普通接头或弯折处为一个下降台阶，活动连接处为反射峰，断裂处为较大台阶的反射峰，而尾纤终端为结束反射峰。

当测试曲线中有活动连接或测试量程较大时，会出现两个以上假反射峰，可根据反射峰距离判断是否为假反射峰。

已知 A 端在 0 起始线，B 端是那条虚线。可以看到 AB 两点间相距 53.4252 km。在虚线旁有个高峰后落下，这表示光纤已经到了设备或终端。在图中，a 点和 b 点为熔接点。

OTDR 测试的光线曲线斜率基本一致，若某一段斜率较大，则表明此段衰减较大，b 点为正常情况，a 点有上升的情况，是由于在熔接点之后的光纤比熔接点之前的光纤产生更多的后向散光而形成的。

如果出现 Π 这个图标或一个高峰后线没有落到底处，表示这是个跳接。在图中间上方 20.147 dB，表示这条线路的衰减值。

13.2　经验与技巧

1. 光纤质量的简单判别

正常情况下，OTDR 测试的光线曲线主体（单盘或几盘光缆）斜率基本一致，若某一段斜率较大，则表明此段衰减较大；若曲线主体为不规则形状，斜率起伏较大，弯曲或呈弧状，则表明光纤质量严重劣化，不符合通信要求。

2. 波长的选择和单双向测试

1550 波长测试距离更远，1550 nm 比 1310 nm 对光纤弯曲更敏感，1550 nm 波长比 1310 nm 波长单位长度衰减更小，1310 nm 波长比 1550 nm 波长测的熔接或连接器损耗更高。在实际的光缆维护工作中，一般对以上两种波长都进行测试、比较。对于正增益现象和超过距离线路均须进行双向测试分析计算，才能获得良好的测试结论。

3. 接头清洁

光纤活接头接入 OTDR 前，必须认真清洗，包括 OTDR 的输出接头和被测活接头，否则插入损耗太大，测量不可靠，曲线多噪音甚至使测量不能进行，它还可能损坏 OTDR。避免用酒精以外的其他清洗剂或折射率匹配液，因为它们可使光纤连接器内的粘合剂溶解。

4. 折射率与散射系数的校正

就光纤长度测量而言，折射系数每 0.01 的偏差会引起 7 m/km 之多的误差，对于较长的光线段，应采用光缆制造商提供的折射率值。如果折射率系数未知，但一段相同种类光纤的长度已知，那么可以将光标放在已知长度的光纤末端，并调整折射率系数直到至测得的两点距离符合已知距离，则折射率系数就可以计算出来了。

如果需要精确测量光纤段的回波损耗或连接器的反射，则需采用光缆制造商提供的散射系数值。若散射系数未知，那么相应的散射系数可以通过下述方法获得：对已知反射进行回波损耗测量，调节散射系统直到测量的回损值符合已知的回损值。

5. 鬼影的识别与处理

在 OTDR 曲线上的尖峰有时是由于离入射端较近且强的反射引起的回音，这种尖峰被称之为鬼影。

识别鬼影：曲线上鬼影处未引起明显损耗；沿曲线鬼影与始端的距离是强反射事件与始端距离的倍数，成对称状。

消除鬼影：选择短脉冲宽度，在强反射前端(如 OTDR 输出端)中增加衰减。若引起鬼影的事件位于光纤终结，可"打小弯"以衰减反射回始端的光。

6. 正增益现象处理

在 OTDR 曲线上可能会产生正增益现象。正增益是由于在熔接点之后的光纤比熔接点之前的光纤产生更多的后向散光而形成的。事实上，光纤在这一熔接点上是有熔接损耗的。常出现在不同模场直径或不同后向散射系数的光纤的熔接过程中，因此，需要在两个方向测量并对结果取平均作为该熔接损耗。在实际的光缆维护中，也可采用小于等于 0.08 dB 即为合格的简单原则。

7. 附加光纤的使用

附加光纤是一段用于连接 OTDR 与待测光纤、长 300～2000 m 的光纤，其主要作用为前端盲区处理和终端连接器插入测量。

一般来说，OTDR 与待测光纤间的连接器引起的盲区最大。在光纤实际测量中，在 OTDR 与待测光纤间加接一段过渡光纤，使前端盲区落在过渡光纤内，而待测光纤始端落在 OTDR 曲线的线性稳定区。光纤系统始端连接器插入损耗可通过 OTDR 加一段过渡光纤来测量，如要测量首、尾两端连接器的插入损耗，可在每端都加一过渡光纤。

8. 动态范围

凭经验，建议选择动态范围比可能遇到的最大损耗高为 5 dB 到 8 dB 的 OTDR。例如，使用动态范围是 35 dB 的单模 OTDR 就可以满足动态范围在 30 dB 左右的需要。假定在 1550 nm 上的光纤典型衰减为 0.20 dB/km，在每 2 公里处熔接(每次熔接损耗 0.1 dB)，这样的一个设备可以精确测算的距离最多 120 公里。最大距离可以使用光纤衰减除 OTDR 的动态范围而计算出近似值，这样有助于确定使设备能够达到光纤末端的动态范围。网络中损耗越多，需要的动态范围越大。在 20 μm 指定的大动态范围并不能确保在短脉冲时动态范围也这么大，过度的轨迹过滤可能会人为夸大所有脉冲的动态范围，导致不良故障查找解决方案。

9. 接头损耗分析

(1) 自动分析：通过事件阈值设置，超过阈值事件自动列表读数。

(2) 手动分析：采用 5 点法(或 4 点法)，即将前 2 点设置于接头前向曲线平滑端，第 3 点设置于接头点台阶上，第 4 点设置于台阶下方起始处，第 5 点设置在接头后向曲线平滑端，从仪表读数看，即为接头损耗。

(3) 接头损耗采用双向平均法，即两端测试接头损耗之和除以 2。

10. 环回接头损耗分析

(1) 在工程施工过程中，为及时监测接头损耗，常需要在光缆接续对端进行光纤环接，即光纤顺序 1♯ 接 2♯、3♯ 接 4♯，依此类推，在本端即能监测中间接头双向损耗。

(2) 以 1♯、2♯ 光纤为例，在本端测试的接续点损耗为 1♯ 光纤正向接头损耗，经过环回点接续点损耗则为 2♯ 光纤正向接头损耗，注意判断正反向接续点距环回点距离相等。

13.3　光时域反射仪相关实验

用 OTDR 测光纤链路特性

[实验目的]

1. 掌握光时域反射仪工作原理及操作方法。

2. 学会光纤传输长度和光纤损耗系数的测量。

3. 掌握光纤故障点的监测方法。

[实验原理]

光时域反射仪 OTDR 工作原理图如图 13-2 所示。由激光器发出的光脉冲注入到光纤后，在开始端接收到的光能量可以分为两种类型：一种是光纤断面或者连接界面的菲涅尔反射光；另一种是瑞利散射光。通过测量分析这些后向散射光的功率，可以得到沿光纤长度分布的衰减曲线。

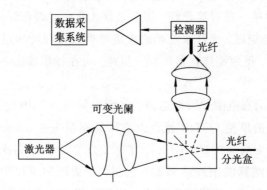

图 13-2　OTDR 工作原理图

通过分析衰减曲线，可以知道光纤对光信号的衰减程度，光纤中的联结点、耦合点和断点的位置，以及光纤弯曲和受压过大的情况也容易被测到，如图 13-3 所示。

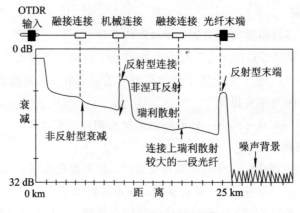

图 13-3　OTDR 测量图像

利用 OTDR 测出的回波曲线，就可以测出光纤的平均损耗、接头损耗、光纤长度和断点位置。假设光纤的入射光功率为 P_0，光纤 l 处的背向散射光返回到光纤初始端时，经过的路程为 $2l$，则背向散射光功率为

$$P_s = P_0 e^{-2\alpha l} \tag{13-1}$$

α 为损耗系数，单位为 $1/\mathrm{km}$。光纤中，l_A 和 l_B 之间的平均损耗系数为

$$\alpha_{AB} = \frac{1}{2} \frac{1}{l_{AB}} \left\{ \ln\left(\frac{P_A}{P_0}\right) - \ln\left(\frac{P_B}{P_0}\right) \right\} = \frac{1}{2l_{AB}} \ln\left(\frac{P_A}{P_B}\right) \tag{13-2}$$

式(13-2)中，$l_{AB} = |l_A - l_B|$，将 α_{AB} 的单位化为 $\mathrm{dB/km}$ 后衰减公式为

$$\alpha_{AB}(\mathrm{dB/km}) = \frac{10}{2l_{AB}} \lg\left(\frac{P_A}{P_B}\right) \tag{13-3}$$

图 13-3 中，纵坐标为对数坐标，因此背向散射光功率是一条直线。

光纤长度是通过激光器发出激光脉冲与接收到背向散射光之间的时间差进行测量的。

[实验仪器]

光时域反射计；待测光纤链路；光纤跳线。

[实验步骤]

1. 接通电源开关

2. 被测光纤光缆的连接

将待测光纤光缆与光插件的光输出适配器相连。光纤光缆所用活动连接器应与光插件和光输出适配器相匹配。

(1) 必须确保光连接器无灰尘污染，无任何外部杂物。

(2) 用无水酒精棉球清洗光连接器的端面，加上匹配油。

(3) 将光输出盒盖板向左移动。

(4) 将光纤光缆连接器小心地插入光输出适配器，且适当旋紧。

(5) 慢慢松回盖板。

3. 设定参数

仪器默认的测量范围是 16 km，默认的测量脉宽为 100 ns，为充分仪器的测量精度，设置测量范围为 0.5 m～8 km。注意，纤芯的折射率为 $n=1.4682$(不能改动)。

4. 测量光纤长度

通过记录发出脉冲和接收到的反射光的时间差，根据 $d = \frac{c \cdot t}{2n}$ 可算出光纤的长度。分别用脉宽为 10 ns 和 250 ns 的激光测量光纤的长度。测量时所获得的图像和相应的像素点都是取 30 秒钟的平均值。注意，在测量时尽量避免触碰光纤，以免由于外压力造成菲涅尔反射，影响测量。可选取菲涅耳反射的起始点作为测距起点。

5. 分段测量光纤的平均损耗

分别用脉宽为 10 ns 和 250 ns 的激光分段测量光纤的平均损耗。每段选约 2 km，注意选择点 A 和 B 时应避开融接连接点和机械连接点。

6. 测量全段光纤的平均损耗

分别用脉宽为 10 ns 和 250 ns 的激光测量全段光纤的平均损耗。注意设置的长度测量

范围不能超过光纤的实际长度，否则测试曲线会出现"鬼影"。此外还要设置好光纤的折射率，单模还是多模等，以便得到正确的测量结果。

7. 分析图像

利用 GnPC 仿真软件对从 OTDR 获得的图像进行处理，分析实验数据。

[注意事项]

（1）激光器在工作时有光脉冲输出，所以光纤光缆连接时，仪器应处于"STOP"状态，即激光器灯灭的时候。光脉冲是不可见的，虽相当弱，不致损伤人体，但也应防止光脉冲射入人眼。

（2）光连接器是精密光系统，注意防止灰尘及其他外部杂物的污染。

（3）将活动 FC 型连接器接至 FC 型插座时，注意对好定位键，上紧时转动金属紧固环，不得扭转光纤或光缆本身。输出盒滑板应慢慢返回，不得撞击活动连接器。

（4）一般情况下，测试量程应大于被测光纤的两倍，以避免第一次和第二次测菲涅耳反射信号叠加到后向反射信号上，造成测试的误差。

[思考题]

1. 菲涅尔反射光与瑞利散射的差异及产生的机理，在实验中如何区分这两种效应？

2. 光时域反射仪的工作原理，说明主要部件的作用。

3. 分析参数设定更变对测量结果的影响，有哪些参数是比较关键的？

4. 实验中用两种脉宽测得的结果有何差异？对此你有何感想？

5. 实验中有可能引起误差的因素有哪些？应该如何避免？

附　　录

附录一　SR530 的主要性能指标

信号通道

输入信号

　　电压信号　　　单端信号或差分信号

　　电流信号　　　10^6 V/A

阻抗

　　电压信号　　　100 MΩ＋25 pF

　　电流信号　　　对地 1 kΩ

满刻度灵敏度

　　电压　　　　　100 nV 至 500 mV

　　电流　　　　　100 fA 至 0.5 μA

最大输入

　　电压　　　　　损坏阈值为 100 VDC, 10 VAC，饱和电压为 2 Vpp

　　电流　　　　　损坏阈值为 10 μA，饱和电压为 1 μApp

噪声

　　电压　　　　　在 1 kHz 时为 7 nV/Hz(典型值)

　　电流　　　　　在 1 kHz 时为 0.13 pA/Hz(典型值)

Common Mode

　　范围　　　　　1 Vp

　　抑制频率　　　100 dB (DC to 1 kHz, degrades by 6 dB/oct above 1 kHz)

增益精度　　　　　1‰ (2 Hz 至 100 kHz)

增益稳定性　　　　200 ppm/℃

信号滤波　　　　　60 Hz 中心频率，−50 dB (Q＝10，校正从 45 Hz 至 65 Hz)

　　　　　　　　　120 Hz 中心频率，−50 dB (Q＝10，校正从 100 Hz 至 130 Hz)

　　　　　　　　　自动跟踪带通滤波(Q＝5)，滤波使动态储备提高 20 dB

动态储备　　　　　低储备(20 dB)，5 ppm/℃ (1 μV 至 500 mV 敏感)

　　　　　　　　　正常储备(40 dB)，50 ppm/℃ (100 nV 至 50 mV 敏感)

　　　　　　　　　高储备(60 dB)，500 ppm/℃(100 nV 至 5 mV 敏感)

参考通道

频率　　　　　　　0.5 Hz 至 100 kHz

输入阻抗　　　　　1 MΩ

触发信号

　　正弦　　　　　最小 100 mV, 1 Vrms nominal

　　脉冲　　　　　最小脉宽±1 V, 1 μs

模式	基波或 2 次谐波(2f)
捕获时间	25 s (1 Hz ref.), 6 s (10 Hz ref.), 2 s (10 kHz ref.)
变化率	在 1 kHz 时每 10 年变化 10 s
相位控制	能进行 90°相移，同时也能以每步达到 0.025°相移
相位噪声	在 1 kHz 时 0.01°rms(100 ms, 12 dB/oct rolloff 时间常数)
相位漂移	0.1°/℃
相位误差	低于 1°在 10 Hz 以上
正交度	90°±1°

解调部分

稳定性	5ppm/℃(低动态储备)
	50ppm/℃(正常动态储备)
	500ppm/℃(高动态储备)
时间常数	
Pre	1 ms 至 100 s (6 dB/octave)
Post	1 s, 0.1 s, 0 s(6 dB/octave)
补偿	扩大至 1×满刻度(10× on expand)
谐波抑制	−55 dB(带通滤波)

输出及接口

通道 1 输出	X (RcosΘ), X Offset, X Noise, R＊, R Offset＊, X5 (ext. D/A)＊
通道 2 输出	Y (RsinΘ), Y offset, Θ, Y noise, X6 (ext. D/A)
输出表	2％精度的模拟量表
LCD 输出	4 位 LCD 显示模拟量表对应的数字电压
BNC 输出	±10 V 满刻度输入时(<1 Ω 输出阻抗)
X 输出＊	X(RcosΘ), ±10 V, <1 Ω 输出阻抗
Y 输出＊	Y(RsinΘ), ±10 V, <1 Ω 输出阻抗
参考 LCD 输出	4 位 LCD 相对参考信号的相移及频率
X1 到 X4	4 路模拟量输入，13bit, ±10.24 V
X5, X6	2 路模拟量输出，13bit, ±10.24 V
比例	输出比率等于 10＊档时输入除以输出的比值
内部晶振	
范围	1 Hz 到 100 kHz
精度	1％
稳定性	150ppm/℃(频率), 500ppm/℃(幅度)
失真度	2％ THD
幅度	10 mVrms, 100 mVrms, 1 Vrms
计算机接口	RS-232 标准接口，GPIB 功能，所有的指令函数可以通过接口进行读写控制

一般规格

电压	35 W, 100/120/220/240 VAC, 50/60 Hz
尺寸	(SR510) 17″×3.5″×17″(WHL)
	(SR530) 17″×5.25″×17″(WHL)
重量	12 lbs. (SR510), 16 lbs. (SR530)

附录二 SR530 的命令列表

AX Auto offset X

AY Auto offset Y

AR Auto offset R

AP Auto phase

B Return Bandpass Filter StatusB0 Take out the Bandpass Filter

B1 Put in the Bandpass Filter

C Return the Reference LCD Status

C0 Display the Reference Frequency

C1 Display the Reference Phase Shift

D Return Dynamic Reserve Setting

D0 Set DR to LOW range

D1 Set DR to NORM range

D2 Set DR to HIGH range

En Return Channel n (1 or 2) Expand Status

En,0 Turn Channel n Expand off

En,1 Turn Channel n Expand on

F Return the Reference Frequency

G Return the Sensitivity Setting

G1 Select 10 nV Full-Scale

… (G1-G3 with SRS preamp only)

G24 Select 500 mV Full-Scale

H Return Preamp Status (1=installed)

I Return the Remote/Local Status

I0 Select Local: Front panel active

I1 Select Remote: Front panel inactive

I2 Select Remote with full lock-out

J Set RS232 End-of-Record to <cr>

Jn,m,o,p Set End-of-record to n,m,o,p

K1 Simulates Key-press of button #1

… (see un-abridged command list)

K32 Simulates Key-press of button #32

L1 Return Status of Line Notch Filter

L1,0 Remove Line Notch Filter

L1,1 Insert Line Notch Filter

L2 Return Status of 2XLine Filter

L2,0 Remove 2XLine Notch Filter

L2,1 Insert 2XLine Notch Filter

M Return the f/2f Status

M0 Set reference mode to f

M1 Set reference mode to 2f

N Return the ENBW setting

N0 Select 1 Hz ENBW

N1 Select 10 Hz ENBW

OX Return X Offset Status

OX 0 Turn off X Offset

OX 1,v Turn on X Offset, v = offset

OY Return Y Offset Status

OY 0 Turn off Y Offset

OY 1,v Turn on Y Offset, v = offset

OR Return R Offset Status

OR 0 Turn off R Offset

OR 1,v Turn on R Offset, v = offset

P Return the Phase Setting

Pv Set the Phase to v. Abs(v) <999 deg

Q1 Return the Channel 1 output

Q2 Return the Channel 2 output

QX Return the X Output

QY Return the Y Output

R Return the trigger mode

R0 Set the trigger for rising edge

R1 Set the trigger for + zero crossing

R2 Set the trigger for falling edge

S Return the display status

S0 Display X and Y

S1 Display X and Y Offsets

S2 Display R and Φ

S3 Display R Offset and Φ

S4 Display X and Y noise

S5 Display X5 and X6 (ext D/A)

T1 Return pre-filter setting

T1,1 Set the pre-filter TC to 1 mS

...

T1,11 Set the pre-filter TC to 100 S

T2 Return the post-filter setting

T2,0 Remove post filter

T2,1 Set the post filter TC to 0.1 S

T2,2 Set the post filter TC to 1.0 S

V Return the value of the SRQ mask

Vn Set the SRQ Mask to the value n

(See the Status Byte definition)

W Return the RS232 wait interval

Wn Set RS232 wait interval to nX4mS

Xn Return the voltage at the rear panel

analog port n. (n from 1 to 6)

X5,v Set analog port 5 to voltage v

X6,v Set analog port 6 to voltage v

Y Return the Status Byte value

Yn Test bit n of the Status Byte

Z Reset to default settings and cancel

all pending commands.

附录三　OSM－400 系列光谱仪的规格特性

型号	OSM2－400DUV	OSM2－400UV	OSM2－400UV/VIS	OSM2－400VS/NR
探测器	薄 CCD	薄 CCD	薄 CCD	薄 CCD
光谱范围	200～1100 nm	200～500 nm	200～800 nm	500～1100 nm
光学分辨率	1.4 nm	0.5 nm	1 nm	1 nm
杂散光	0.1％	0.08％	0.1％	0.03％
光栅	300 l/mm	1200 l/mm	600 l/mm	600 l/mm
光耀波长	300 nm	250 nm	250 nm	1000 nm
裂缝宽	10 um	50 um	50 um	50 um
裂缝高	3 mm	3 mm	3 mm	3 mm
像素数	14×2048	14×2048	14×2048	14×2048
像素大小	$(14×14)×14\ \mu m$	$(14×14)×14\ \mu m$	$(14×14)×14\ \mu m$	$(14×14)×14\ \mu m$
SNR(仅探测器)	400：1	400：1	400：1	400：1
SNR(完整系统)	1.15％	1.15％	1.15％	1.15％
精准性波长	0.1 nm	0.1 nm	0.1 nm	0.1 nm
对比度	5000：1	5000：1	5000：1	5000：1
连接器类型	SMA905	SMA905	SMA905	SMA905
输入焦距	50	50	50	50
输出焦距	80	80	80	80
整合时间	3.34 ms～16 s	3.34 ms～16 s	3.34 ms～16 s	3.34 ms～16 s
模/数转换器	16 位	16 位	16 位	16 位
CPU	32 位精简指令集	32 位精简指令集	32 位精简指令集	32 位精简指令集
内置存储器	4 MB	4 MB	4 MB	4 MB

附录四　OSM－400系列光谱仪的外形结构

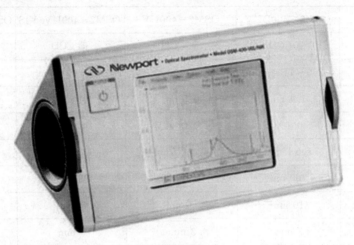

正面外形

附录五　1918-C 光功率计的主要性能参数

1918C 功率/能量计规格	
同样适用于 Newport 的热交换探测器型号	918D、018L、818P、818E 和 818(w/适配器)
抽样率/kHz	100
测量率/kHz	4
显示刷新率/Hz	20
最大重复频率/kHz	2
最大重复频率/kHz	4(光电二极管探测器，峰峰值功率)
分辨率(%于满刻度)	0.0004
CW 准确度/%	±0.1
准确度/%	±1(峰峰值，脉冲-脉冲，整合波)
探测器最大输入电流/mA	25
探测器最大输入电压/V	130
模拟输出(使用者可选)	0~1 V、0~2 V 或 0~5 V(1 MΩ 内)
模拟输出带宽	DC - 500 kHz(光电二极体) DC - 1 MHz(热电或苯三酚探测器)
显示类型	82 mm×62 mm 图形式，彩色 TFT−LCD，1/4VGA
显示格式	14 毫米数值式，直方图，最小/最大条，统计
接口	USB
内置存储器(数据点)	250 000
外置存储器(数据点)	视外接 USB 而定(使用者提供)
电池类型和可供工作时间	可充电式，8 小时
电源需求	90~240VAC，24 V 1.5 A
工作环境温度	10℃~40℃，<80% RH
保存温度范围	−20℃~60℃，<90% RH
重量[磅(kg)]	2.3(1.04)
尺寸(宽×高×长)[英寸(毫米)]	7.6(193)×5.4(137)×2.4(61)
918D 和 918L 系列光电二极管探测器标准	
最小可探测功率/pW	11.1
最大输入功率/W	2

续表

1918C 功率/能量计规格	
波长范围/nm	200~1800
支持的先进特征	温度补偿和衰减探测
818P 系列热电探测器标准	
最小可探测功率/mW	1
最大输入功率/W	400
波长范围	190 nm~11 μm
支持的先进特征	温度补偿和衰减探测
818E 系列焦热电探测器标准	
最小可探测能量/μJ	6.7
最大可探测能量/J	75
波长范围	190 nm~20 μm
支持的先进特征	温度补偿和衰减探测

附录六　1918-C 光功率计的外形结构

正面外形

参考文献

[1] 文公妗. 现代实验仪器原理与应用. 北京：科学出版社，1998.

[2] 王永仲. 智能光电系统. 北京：科学出版社，1999.

[3] 何希才. 传感器及其应用电路（应用电路百例丛书）. 北京：电子工业出版社，2001.

[4] 黄贤武，郑筱霞. 传感器实际应用电路设计. 成都：电子科技大学出版社，1997.

[5] 李科杰. 新编传感器技术手册. 北京：国防工业出版社，2002.

[6] 曾庆勇. 微弱信号检测. 2 版. 杭州：浙江大学出版社，1994.

[7] 高晋占. 微弱信号检测. 北京：清华大学出版社，2008.

[8] 张永林，狄红卫. 光电子技术. 北京：高等教育出版社，2005.

[9] 朱京平. 光电子技术基础. 北京：科学出版社，2003.

[10] 浦昭邦. 光电测试技术. 北京：机械工业出版社，2005.

[11] 陈尚松. 电子测量与仪器. 2 版. 北京：电子工业出版社，2010.

[12] 范志刚. 光电测试技术. 1 版. 北京：电子工业出版社，2004.

[13] 江月松. 光电信息技术基础. 北京：北京航空航天大学出版社，2005.

[14] 缪家鼎. 光电技术. 杭州：浙江大学出版社，1988.

[15] 王庆有. 光电传感器应用技术. 北京：机械工业出版社，2007.

[16] 何勇. 光电传感器及其应用. 北京：化工出版社，2004.

[17] 王福昌. 锁相技术. 武汉：华中理工大学出版社，1997.

[18] 张国威. 激光光谱学原理与技术. 北京：北京理工大学出版社，2007.

[19] MODEL SR530 LOCK-IN AMPLIFIER，Stanford Research Systems，2005 - 6.

[20] OSM Spectrometers OSM-400Series，User's Manual，Newport，2004.

[21] Model 1918-C Hand-held Optical Meter，User's Manual，Newport，2007.